国家中等职业教育改革发展示范学校项目建设成果
数控技术应用专业系列规划教材

数控模拟仿真应用

苑世亮　李　帅　主　编

张振亮　陈奉玉

陈华安　钟敬华　副主编

U0321408

科学出版社

北　京

内 容 简 介

本书采用上海宇龙"数控加工仿真系统",主要介绍了数控机床 FANUC 0i Mate 系统的基本操作和仿真软件的使用。本书通过任务引领的方式对数控车削、铣削进行数控编程操作及实例讲解,针对性和实用性强。

本书既可作为中等职业院校数控技术应用专业教材,也可作为初学数控编程者与相关技术人员的参考用书。

图书在版编目(CIP)数据

数控模拟仿真应用/苑世亮,李帅主编. —北京:科学出版社,2015

(国家中等职业教育改革发展示范学校项目建设成果·数控技术应用专业系列规划教材)

ISBN 978-7-03-044051-8

I. ①数⋯ Ⅱ. ①苑⋯ ②李⋯ Ⅲ. ①数控机床-加工-中等专业学校-教材 Ⅳ. ①TG659

中国版本图书馆 CIP 数据核字(2015)第 070944 号

责任编辑:张振华 / 责任校对:马英菊
责任印制:吕春珉 / 封面设计:东方人华平面设计部

科学出版社 出版
北京东黄城根北街 16 号
邮政编码:100717
http://www.sciencep.com
北京九州迅驰传媒文化有限公司 印刷
科学出版社发行 各地新华书店经销
*
2015 年 4 月第 一 版 开本:787×1092 1/16
2021 年 8 月第二次印刷 印张:12 1/4
字数:280 000
定价:36.00 元

(如有印装质量问题,我社负责调换<九州迅驰>)

销售部电话 010-62134988 编辑部电话 010-62135120-2005

前　言

　　"数控机床仿真加工"是中等职业院校数控技术应用专业的核心课程。为使学生掌握数控车床基本操作和编程技能，具备数控车床的模拟操作能力，并为学习数控车工实训课程做好准备，编者编写了本书。

　　本书以数控技术应用专业典型工作任务、职业能力和职业资格认证标准为依据确定目标与内容，按数控车削、铣削仿真操作、仿真实训任务设计学习过程，介绍了数控车（铣）削的基本操作、编程方法等相关知识点和技能点。全书共 11 个任务，涉及数控车床和数控铣床的基本操作、对刀技能、编程与仿真加工等。

　　本书以上机模拟操作为主要内容，适用于任务式教学。教学可在单独、互助的情境中进行。在学习情境中，建议教师对各个任务进行讲解、演示，对学生实训进行指导、检查，并让先完成的学生协助教师指导未完成的同学。

　　本书参考学时为 121 学时，具体学时安排请参考下表。

项　目	理论学时	实训学时
任务 1　数控仿真系统的基本操作	10	13
任务 2　简单轴类零件的仿真加工	5	4
任务 3　圆弧表面零件的仿真加工	6	4
任务 4　螺纹零件的仿真加工	6	4
任务 5　典型轴类零件的仿真加工	6	4
任务 6　套类零件的仿真加工	6	4
任务 7　数控铣床（加工中心）平面加工	5	4
任务 8　数控铣床（加工中心）外轮廓加工	6	4
任务 9　数控铣床（加工中心）内槽加工	6	4
任务 10　数控铣床（加工中心）孔加工	6	4
任务 11　数控铣床（加工中心）综合加工	6	4
合　计	68	53

　　本书由安丘市职业中等专业学校数控部组织编写。苑世亮、李帅任主编，张振亮、陈奉玉、陈华安、钟敬华任副主编，其他参与编写的人员有陈宝智、崔华伟、张爱萍、陈志军、王玲、董国红、李健等。房升祥（山东工业技师学院）、段全续（潍坊市职业教育教研室）、张明献（安丘市金泽机械制造有限公司）等对本书的编写给予了指导。全书由苑世亮统稿。

　　在编写本书的过程中，编者参阅了大量文献资料，在此对有关作者表示感谢！

　　由于编者水平有限，书中难免存在不妥或疏漏之处，恳请广大读者批评指正。

目　　录

任务 1 数控仿真系统的基本操作

任务描述

在仿真软件 FANUC 0i 面板上操作练习各功能键并掌握刀具参数和程序运用。

知识目标

1. 掌握 MDI 键盘各功能键的作用。
2. 掌握 G54~G59 参数和刀具补偿参数。
3. 掌握数控程序处理方法。

能力目标

1. 能自己独立输入程序建立坐标系输入刀具补偿参数。
2. 能进行修改、保存、删除等程序编辑。
3. 在数控加工仿真系统中能登录自己的账户。

1.1 相关知识：FANUC 0i 的系统面板及基本操作说明

1. MDI 键盘说明

图 1.1 所示为 FANUC 0i 系统的 MDI 键盘（右半部分）和 CRT 界面（左半部分）。MDI 键盘用于程序编辑、参数输入等功能。MDI 键盘上各个键的功能见表 1.1。

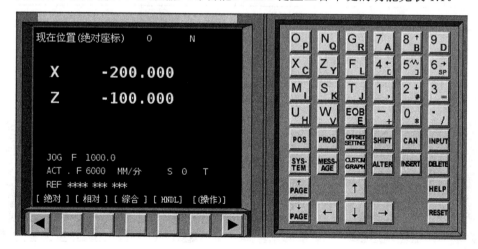

图 1.1　FANUC 0i MDI 键盘

表 1.1　MDI 键盘上各个键的功能

MDI 键	功　　能
↑PAGE ↓PAGE	↑PAGE 键实现 CRT 中显示内容的向上翻页；↓PAGE 键实现 CRT 中显示内容的向下翻页
↑ ← ↓ →	移动 CRT 中的光标位置。↑键实现光标的向上移动，↓键实现光标的向下移动，←键实现光标的向左移动，→键实现光标的向右移动
Oᴾ Nᴳ Gᴿ Xᵁ Yᵛ Zᵂ Mˢ Tᴶ Kᴸ Fᴴ Hᴰ EOB	实现字符的输入，按 SHIFT 键后再按字符键，将输入右下角的字符。例如，按 Oᴾ 键将在光标所处位置输入 "O" 字符，按 SHIFT 键后再按 Oᴾ 键将在光标所处位置输入 "P" 字符；按 "EOB" 键将输入 "；" 号表示换行结束
7↑ 8↑ 9ᶜ 4↑ 5↑ 6ˢᴾ 1↑ 2↑ 3· -↑ 0↓ .↓	实现字符的输入，例如，按 5↑ 键将在光标所在位置输入 "5" 字符，按 SHIFT 键后再按 5↑ 键将在光标所在位置处输入 "]"
POS	显示坐标值
PROG	进入程序编辑和显示界面
OFFSET SETTING	进入参数补偿显示界面
SYS- TEM	本软件不支持
MESS- AGE	本软件不支持
CUSTOM GRAPH	在自动运行状态下将数控显示切换至轨迹模式
SHIFT	输入字符切换键
CAN	删除单个字符
INPUT	将数据域中的数据输入指定的区域
ALTER	字符替换
INSERT	将输入域中的内容输入指定区域
DELETE	删除一段字符
HELP	本软件不支持
RESET	机床复位

2. 机床位置界面

按 POS 键进入坐标位置界面。单击菜单软键【绝对】、【相对】、【综合】，在 CRT 界面中将对应相对坐标（图 1.2）、绝对坐标（图 1.3）和综合坐标（图 1.4）。

图 1.2　相对坐标界面

图 1.3　绝对坐标界面

图 1.4　综合坐标界面

3. 程序管理界面

按 <kbd>POS</kbd> 键进入程序管理界面，单击菜单软键【LIB】，将列出系统中所有的程序（图 1.5），在所列出的程序列表中选择某一程序名，按 <kbd>PROG</kbd> 键将显示该程序（图 1.6）。

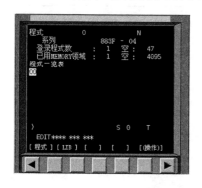

图 1.5　显示程序列表

图 1.6　显示当前程序

4. 设置参数

（1）G54～G59 参数设置

在 MDI 键盘上按 <kbd>OFFSET SETTING</kbd> 键，单击菜单软键【坐标系】，进入坐标系参数设定界面，输入"0x"（01 表示 G54，02 表示 G55，以此类推）。单击菜单软键【NO 检索】，光标停留在选定的坐标系参数设定区域，如图 1.7 所示。

也可以用方位键选择所需的坐标系和坐标轴。利用 MDI 键盘输入通过对刀所得到的工件坐标原点在机床坐标系中的坐标值。设通过对刀得到的工件坐标原点在机床坐标系中的坐标值为 -212.5，-87.5，-325，则首先将光标移到 G54 坐标系 X 的位置，在 MDI 键盘上输入"-212.50"，单击菜单软键【输入】或按 <kbd>INPUT</kbd> 键，参数输入到指定区域。按 <kbd>CAN</kbd> 键可逐个删除输入域中的字符。按 <kbd>↓</kbd> 键，将光标移到 Y 位置，输入"-87.50"，单击菜单软键【输入】或按 <kbd>INPUT</kbd> 键，参数输入到指定区域。同样可以输入 Z 坐标值。此时 CRT 界面如图 1.8 所示。

图 1.7　选定的坐标系参数设定区域

图 1.8　CRT 界面

X 坐标值为 -100，须输入 "$X-100.00$"；若输入 "$X-100$"，则系统默认为 -0.100。

如果按【＋输入】键，键入的数值将和原有的数值相加后输入。

（2）设置铣床及加工中心刀具补偿参数

铣床及加工中心的刀具补偿包括刀具的直径和长度补偿。

FANUC 0i 的刀具直径补偿包括形状直径补偿和磨耗直径补偿。

输入直径补偿参数：

1）在 MDI 键盘上按 键，进入参数补偿设定界面，如图 1.9 所示。

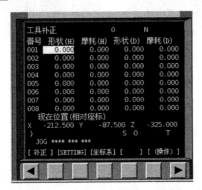

图 1.9　参数补偿设定界面

2）用方位键 选择所需的番号，并用 确定需要设定的直径补偿是形状补偿还是磨耗补偿，将光标移到相应的区域。

3）按 MDI 键盘上的数字/字母键，输入刀尖直径补偿参数。

4）单击菜单软键【输入】或按 键，参数输入到指定区域。按 键逐个删除输入域中的字符。

直径补偿参数若为 4mm，在输入时需输入 "4.000"，如果只输入 "4"，则系统默认为 "0.004"。

FANUC 0i 的刀具长度补偿包括形状长度补偿和磨耗长度补偿。

输入长度补偿参数：长度补偿参数在刀具表中按需要输入。

01 在 MDI 键盘上按 键，进入参数补偿设定界面，如图 1.9 所示。

02 用方位键选择所需的番号，并确定需要设定的长度补偿是形状补偿还是磨耗补偿，将光标移到相应的区域。

03 按 MDI 键盘上的数字/字母键，输入刀具长度补偿参数。

04 单击菜单软键【输入】或按 <kbd>INPUT</kbd> 键，参数输入到指定区域。按 <kbd>CAN</kbd> 键逐个删除输入域中的字符。

（3）车床刀具补偿参数

车床的刀具补偿包括刀具的摩耗补偿参数和形状补偿参数，两者之和构成车刀偏置量补偿参数。

输入摩耗补偿参数：刀具使用一段时间后磨损，会使产品尺寸产生误差，因此需要对刀具设定摩耗补偿。

01 在 MDI 键盘上按 <kbd>OFFSET SETTING</kbd> 键，进入摩耗补偿参数设定界面，如图 1.10 所示。

02 用方位键 <kbd>↑</kbd> <kbd>↓</kbd> 选择所需的号，并用 <kbd>←</kbd> <kbd>→</kbd> 确定所需补偿的值。

03 按数字键，输入补偿值到输入域。

04 单击菜单软键【输入】或按 <kbd>INPUT</kbd> 键，参数输入到指定区域。按 <kbd>CAN</kbd> 键逐个删除输入域中的字符。

输入形状补偿参数：

01 在 MDI 键盘上按 <kbd>OFFSET SETTING</kbd> 键，进入形状补偿参数设定界面，如图 1.11 所示。

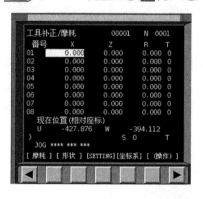

图 1.10　摩耗补偿参数设定界面

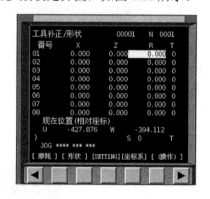

图 1.11　形状补偿参数设定界面

02 用方位键 <kbd>↑</kbd> <kbd>↓</kbd> 选择所需的号，并用 <kbd>←</kbd> <kbd>→</kbd> 确定所需补偿的值。

03 用数字键，输入补偿值到输入域。

04 单击菜单软键【输入】或按 <kbd>INPUT</kbd> 键，参数输入到指定区域。按 <kbd>CAN</kbd> 键逐个删除输入域中的字符。

05 输入刀尖半径和方位号：分别把光标移到 R 和 T，按数字键输入半径或方位号，单击菜单软键【输入】，完成操作。

5. 数控程序处理

（1）导入数控程序

数控程序可以通过记事本或写字板等编辑软件输入并保存为文本格式（*.txt 格式）文件，也可直接用 FANUC 0i 系统的 MDI 键盘输入。

按操作面板上的编辑键▣，编辑状态指示灯变亮，此时进入编辑状态。按 MDI 键盘上的▣键，CRT 界面转入编辑页面。再单击菜单软键【操作】，在出现的下级子菜单中单击▶软键后，单击菜单软键【READ】，转入如图 1.12 所示界面，按 MDI 键盘上的数字/字母键，输入"Ox"（x 为任意不超过四位的数字），单击菜单软键【EXEC】；选择菜单栏"机床→DNC 传送"，在弹出的"打开"对话框（图 1.13）中选择所需的 NC 程序，单击"打开"按钮确认，则数控程序被导入并显示在 CRT 界面上。

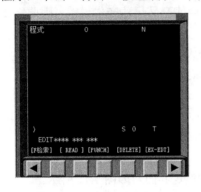

图 1.12　CRT 界面

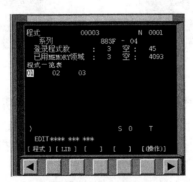

图 1.13　"打开"对话框

（2）数控程序管理

1）显示数控程序目录。经过导入数控程序操作后，按操作面板上的编辑键▣，编辑状态指示灯变亮，此时进入编辑状态。按 MDI 键盘上的▣键，CRT 界面转入编辑页面。单击菜单软键【LIB】，经过 DNC 传送的数控程序名列表显示在 CRT 界面上，如图 1.14 所示。

图 1.14　数控程序名列表

2）选择一个数控程序。经过导入数控程序操作后，按 MDI 键盘上的▣键，CRT 界面转入编辑页面。利用 MDI 键盘输入"Ox"（x 为数控程序目录中显示的程序号），按↓键开始搜索，搜索到"Ox"后显示在屏幕首行程序号位置，NC 程序将显示在屏幕上。

3）删除一个数控程序。按操作面板上的编辑键▣，编辑状态指示灯变亮，此时进入编辑状态。利用 MDI 键盘输入"Ox"（x 为要删除的数控程序在目录中显示的程序号），

按 键，程序即被删除。

4）新建一个 NC 程序。按操作面板上的编辑键 ，编辑状态指示灯变亮，此时进入编辑状态。按 MDI 键盘上的 键，CRT 界面转入编辑页面。利用 MDI 键盘输入"Ox"（x 为程序号，但不能与已有程序号的重复）按 键，CRT 界面上将显示一个空程序，可以通过 MDI 键盘开始程序输入。输入一段代码后，按 键则数据输入域中的内容将显示在 CRT 界面上，用回车换行键 则结束一行的输入后换行。

5）删除全部数控程序。按操作面板上的编辑键 ，编辑状态指示灯变亮，此时进入编辑状态。按 MDI 键盘上的 键，CRT 界面转入编辑页面。利用 MDI 键盘输入"0～9999"，按 键，全部数控程序即被删除。

（3）数控程序处理

按操作面板上的编辑键 ，编辑状态指示灯变亮，此时进入编辑状态。按 MDI 键盘上的 键，CRT 界面转入编辑页面。选定一个数控程序后，此程序显示在 CRT 界面上，可对数控程序进行编辑操作。

1）移动光标：按 和 键翻页，按方位键移动光标。

2）插入字符：先将光标移到所需位置，按 MDI 键盘上的数字/字母键，将代码输入到输入域中，按 键，把输入域的内容插入到光标所在代码后面。

3）删除输入域中的数据：按 键用于删除输入域中的数据。

4）删除字符：先将光标移到所需删除字符的位置，按 键，删除光标所在处的代码。

5）查找：输入需要搜索的字母或代码；按 键开始在当前数控程序中光标所在位置后搜索（代码可以是一个字母或一个完整的代码。例如："N0010"、"M"等）。如果此数控程序中有所搜索的代码，则光标停留在找到的代码处；如果此数控程序中光标所在位置后没有所搜索的代码，则光标停留在原处。

6）替换：先将光标移到所需替换字符的位置，将替换成的字符通过 MDI 键盘输入到输入域中，按 键，把输入域的内容替代光标所在处的代码。

（4）保存程序

编辑好程序后需要进行保存操作。按操作面板上的编辑键 ，编辑状态指示灯变亮，此时进入编辑状态。单击菜单软键【操作】，在下级子菜单中单击菜单软键【Punch】，在弹出的"另存为"对话框中输入文件名，选择文件类型和保存路径，单击"保存"按钮，如图 1.15 所示。

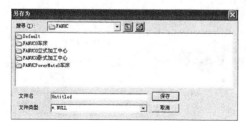

图 1.15　"另存为"对话框

6. MDI 模式

按操作面板上的 MDI 键，使其指示灯变亮，进入 MDI 模式。

在 MDI 键盘上按键，进入编辑页面。

输入数据指令：在输入键盘上按数字/字母键，可以做取消、插入、删除等修改操作。

按数字/字母键输入字母"O"，再输入程序号，但不可以与已有程序号重复。

输入程序后，用回车换行键结束一行的输入后换行。

移动光标按上下方向键翻页。按方位键移动光标。

按键，删除输入域中的数据；按键，删除光标所在的代码。

按键，输入所编写的数据指令。

输入完整数据指令后，按循环启动按钮运行程序。

按键清除输入的数据。

1.2 实践操作：机床、工件及刀具的基本操作和使用

第 1 步 运行数控加工仿真系统

（1）进入练习界面

选择菜单栏"开始→程序→数控加工仿真系统→数控加工仿真系统"命令，打开软件的操作界面，单击"快速登录"按钮登录即可，如图 1.16 所示。

（2）登录考试账户

进入数控加工仿真系统的操作界面需要输入用户名和密码，再单击"确定"按钮，进入数控加工仿真考试系统。

图 1.16 数控加工仿真系统软件操作界面

第 2 步   工件的定义和使用

（1）定义毛坯

选择菜单栏"零件→定义毛坯"命令或在工具条上选择图标 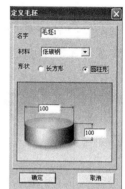，打开如图 1.17 所示"定义毛坯"对话框。

01 在毛坯"名字"文本框内输入毛坯名，也可使用默认名。

02 选择毛坯形状。铣床、加工中心有两种形状的毛坯供选择：长方形毛坯和圆柱形毛坯。车床仅提供圆柱形毛坯。

03 选择毛坯材料。"材料"下拉列表框中提供了多种供加工的毛坯材料，可根据需要选择。

04 参数输入。在下面的尺寸文本框中输入尺寸，单位为毫米。

05 单击"确定"按钮，保存定义的毛坯并退出操作。若单击"取消"按钮，则直接退出操作。

图 1.17   "定义毛坯"对话框

（2）导出零件模型

与导出零件模型相当的功能是把经过部分加工的零件作为成型毛坯予以单独保存。如图 1.18 所示，此毛坯已经过部分加工，称为零件模型。可通过导出零件模型功能予以保存。

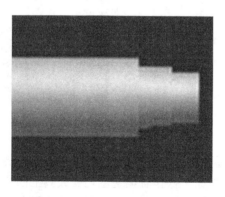

图 1.18   零件模型

选择菜单栏"文件→导出零件模型"命令，弹出"另存为"对话框，在对话框中输入文件名，单击"保存"按钮，此零件模型即被保存，可在以后需要时被调用。文件的扩展名为"prt"，请不要更改。

（3）导入零件模型

机床在加工零件时，除了可以使用原始定义的毛坯（见图 1.17 和图 1.18），还可以对经过部分加工的毛坯进行再加工，这个毛坯被称为零件模型，可以通过导入零件模型的功能调用零件模型。

选择菜单栏"文件→导入零件模型"命令，若已通过导出零件模型功能保存过成型毛坯，则弹出"打开"对话框，在此对话框中选择并且打开所需的扩展名为"prt"的零件文件，则选中的零件模型被放置在工作台面上。

（4）使用夹具

选择菜单栏"零件→安装夹具"命令或在工具条上选择图标 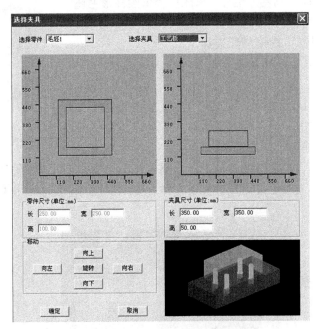，打开"选择夹具"对话框。

首先在"选择零件"下拉列表框中选择毛坯，然后在"选择夹具"下拉列表框中选择夹具，长方体零件可以使用工艺板或平口钳，圆柱形零件可以选择工艺板或卡盘，如图 1.19 所示。

图 1.19 "选择夹具"对话框

"夹具尺寸"选项区显示的是系统提供的尺寸，用户可以修改工艺板的尺寸。

各个方向的"移动"按钮供操作者调整毛坯在夹具上的位置。

车床没有这一步操作，铣床和加工中心也可以不使用夹具，让工件直接放在机床台面上。

（5）放置零件

选择菜单栏"零件→放置零件"命令，或在工具条上选择图标 ，弹出"选择零件"对话框，如图 1.20 所示。

在列表中单击所需的零件，选中的零件信息加亮显示，单击"安装零件"按钮，系统自动关闭对话框，零件和夹具（如果已经选择了夹具）将被放到机床上。对于卧式加工中心还可以在上述对话框中选择是否使用角尺板。如果选择使用角尺板，那么在放置零件时，角尺板同时出现在机床台面上。

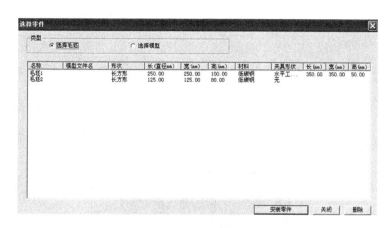

图 1.20　"选择零件"对话框

如果进行过"导入零件模型"的操作，对话框的零件列表中会显示模型文件名，若在"类型"选项区中点选"选择模型"单选按钮，则可以选择导入零件模型文件，如图 1.21 所示。选择的零件模型即经过部分加工的成型毛坯被放置在机床台面上或卡盘上，如图 1.22 所示。

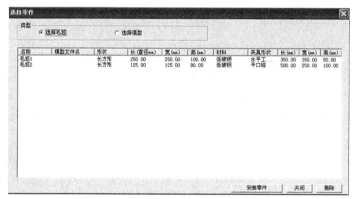

图 1.21　选择导入零件模型文件

图 1.22　零件模型

（6）调整零件位置

零件可以在工作台面上移动。毛坯放上工作台后，系统将自动弹出一个小键盘（铣床、加工中心见图 1.23，车床见图 1.24），通过单击小键盘上的方向按钮，实现零件的平移和旋转或车床零件调头。小键盘上的"退出"按钮用于关闭小键盘。选择菜单栏"零件→移动零件"也可以打开小键盘。在执行其他操作前应关闭小键盘。

（7）使用压板

当使用工艺板或者不使用夹具时，可以使用压板。

1）安装压板。

选择菜单栏"零件→安装压板"命令，打开"选择压板"对话框，如图 1.25 所示。

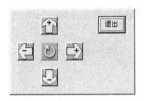

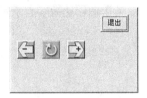

图 1.23　铣床、加工中心小键盘　　　　　　图 1.24　车床小键盘

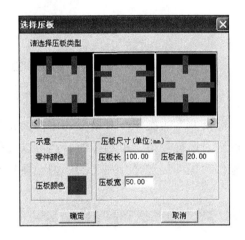

图 1.25　"选择压板"对话框

对话框中列出各种安装方案，可以拉动滚动条浏览全部许可的方案。然后选择所需要的安装方案，单击"确定"按钮，压板将出现在台面上。

在"压板尺寸"选项区可更改压板长、高、宽。范围：长 30～100mm，高 7～20mm，宽 10～50mm。

2）移动压板。

选择菜单栏"零件→移动压板"命令，系统弹出小键盘，操作者可以根据需要平移压板，（但是不能旋转压板）。首先选择需移动的压板，被选中的压板变成灰色，如图 1.26 所示；然后按动小键盘中的方向按钮操纵压板移动。

图 1.26　拆除压板

选择菜单栏"零件→拆除压板"命令，将拆除全部压板。

第 3 步 选择刀具

选择菜单栏"机床→选择刀具"命令或在工具条中选择图标🔧，系统弹出"刀具选择"对话框。

（1）车床选择和安装刀具

系统中数控车床允许同时安装 8 把刀具（后置刀架）或 4 把刀具（前置刀架）。"刀具选择"对话框如图 1.27 所示。

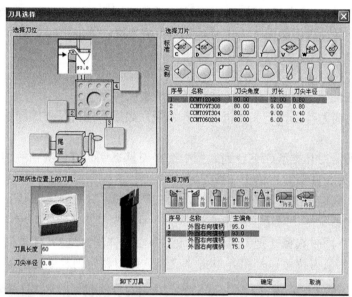

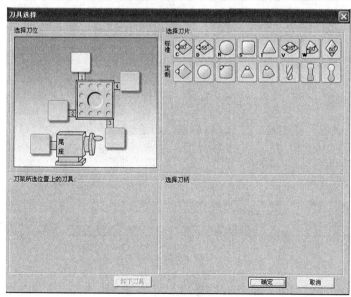

图 1.27 "刀具选择"对话框

1）选择、安装车刀：

① 在刀架图中单击所需的刀位。该刀位对应程序中的 T01～T08（T04）。

② 选择刀片类型。

③ 在刀片列表框中选择刀片。

④ 选择刀柄类型。

⑤ 在刀柄列表框中选择刀柄。

2）变更刀具长度和刀尖半径："选择车刀"完成后，该界面的左下部位显示出刀架所选位置上的刀具。其中显示的"刀具长度"和"刀尖半径"均可以由操作者修改。

3）拆除刀具：在刀架图中单击要拆除刀具的刀位，单击"卸下刀具"按钮。

4）确认操作完成：单击"确认"按钮。

（2）加工中心和数控铣床选刀

01 按条件列出工具清单。筛选的条件是直径和类型。

① 在"所需刀具直径"文本框内输入直径，如果不把直径作为筛选条件，输入数字"0"。

② 在"所需刀具类型"下拉列表框中选择刀具类型。可供选择的刀具类型有平底刀、平底带 R 刀、球头刀、钻头、镗刀等。

③ 单击"确定"按钮，符合条件的刀具在"可选刀具"列表中显示。

02 指定刀位号。对话框的下半部中的序号（图 1.28）就是刀库中的刀位号。卧式加工中心允许同时选择 7 把刀具，立式加工中心允许同时选择 24 把刀具。对于铣床，对话框中只有 1 号刀位可以使用。单击"已经选择刀具"列表中的序号拍定刀位号。

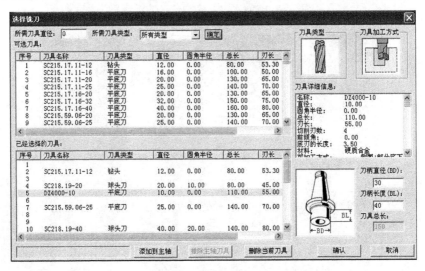

图 1.28　加工中心指定刀位号

03 选择需要的刀具。指定刀位号后，再单击"可选刀具"列表中的所需刀具，选中的刀具对应显示在"已经选择刀具"列表中选中的刀位号所在行。

04 输入刀柄参数。操作者可以按需要输入刀柄参数。参数有直径和长度两个。总长度是刀柄长度与刀具长度之和。

05 删除当前刀具。单击"删除当前刀具"按钮可删除此时"已选择的刀具"列表中光标所在行的刀具。

06 确认选刀。选择全部刀具，单击"确认"按钮完成选刀操作，或单击"取消"按钮退出选刀操作。

加工中心的刀具在刀库中，如果在选择刀具的操作中同时要指定某把刀安装到主轴上，可以先选中，然后单击"添加到主轴"按钮，铣床的刀具自动安装到主轴上。

第4步 考核评价

操作完毕后，结合表 1.2 对本次任务实施过程及任务结果进行客观的评价，包括学生自评、小组互评和教师总体评价。评分完成后，学生可填写学习体会，包括本次任务的完成情况、完成效果、收获体会和改进措施等。

表 1.2 考核评价

序号	项 目	技 术 要 求	配分	评 分 标 准	检测记录	得分
1	软件操作	进入仿真软件	10	每错一次扣2分		
2	机床选择	正确选择机床	30	每错一次扣3分		
3	机床操作	开机、回零	20	每错一次扣3分		
		装刀、装毛坯	30	每错一次扣3分		
4	文明操作	爱护计算机设备	10	一次意外扣2分		

综合得分： 　　　　　　　　　　　　　　　　教师签字：

学习体会：

 简单轴类零件的仿真加工

任务描述

在仿真软件上编写加工程序并仿真加工简单的轴类零件，见图2.1。材料为45钢，毛坯尺寸为ϕ45mm×65mm。

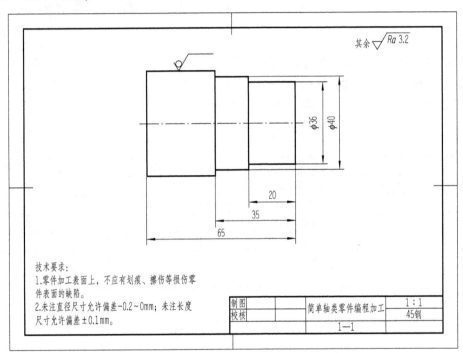

其余 $\sqrt{Ra\ 3.2}$

技术要求：
1. 零件加工表面上，不应有划痕、擦伤等损伤零件表面的缺陷。
2. 未注直径尺寸允许偏差-0.2～0mm；未注长度尺寸允许偏差±0.1mm。

制图	简单轴类零件编程加工	1:1
校核		45钢
	1—1	

图2.1　加工零件图样

知识目标

1. 掌握 G00、G01 指令的编程格式及特点。
2. 掌握简单轴类零件的数控车削加工工艺。
3. 合理选择加工刀具。

能力目标

1. 能熟练使用数控车床的面板，对简单轴类零件进行加工。
2. 能使用 G00、G01 进行编程。
3. 能制定合理的数控车床加工工艺。

2.1　相关知识：G00 与 G01 指令的使用、零件加工的工艺

1. G00 快速定位指令

（1）指令定义

G00 指令是在工作坐标系中以快速移动快速刀具到达指令指定的位置。

（2）指令格式

```
G00 X(U)_ Z(W)_ ;
```

X、Z：绝对编程时使用的坐标。

U、W：相对编程时使用的坐标。

（3）指令应用

1）一般用于加工前的快速定位或加工后的快速退刀。

2）G00 指令不能在地址 F 中规定，应由面板上的快速修调按钮修正。

3）执行 G00 指令时，刀具轨迹不一定是直线。

4）G00 为模态功能。

2. G01 直线插补

（1）指令定义

G01 指令使刀具以一定的进给速度，从所在点出发，直线移动到目标点。

（2）指令格式

```
G01 X(U)_ Z(W)_ F_ ;
```

X、Z：绝对编程时使用的坐标。

U、W：相对编程时使用的坐标。

F：进给速度。

（3）指令应用

1）G01 的进给由 F 决定。

2）G01 的运动轨迹是标准的直线。

3）G01 主要用于车削圆柱、圆锥等直线加工。

4）G01 是模态指令。

3. 零件的加工工艺

（1）确定零件装夹方式

装夹方式采用自定心卡盘夹持零件右端，一次完成粗、精加工。

（2）确定加工顺序及进给路线

从右至左粗加工零件各表面，单边留精加工余量 0.5mm。

从右至左连续精加工零件各表面，达到图纸要求。

（3）刀具的选择

根据加工要求，选用 2 把刀具，01 号刀为外圆粗车车刀，02 号刀为外圆精车车刀。

（4）确定切削用量

根据被加工零件表面质量要求、刀具材料和工件材料，参考切削用量手册或有关资料选取切削速度和每转进给量，粗车外圆选用 S500、F0.2，精车外圆选用 S800、F0.1。

（5）编制数控加工程序

套用 FANUC 0i 数控系统的编程格式，设定编程坐标系原点在零件右端面和轴心线交点，编写加工程序。

1）零件右端粗加工程序：

```
O0001;
G99M03S500T0101;
G00X100.Z100.;
X45.Z2.;
X41.;
G01X41.Z-34.9F0.2;
X45.;
G00Z2.;
X37.;
G01X37.Z-20.F0.2;
X45.;
G00X45.Z2.;
X100.Z100.;
M30;
```

2）零件右端精加工程序：

```
O0002;
G99M03S800T0202;
G00X100.Z100.;
X45.Z2.;
X36.;
G01X36.Z-20.F0.1;
X40.;
Z-35.;
X46.;
G00X100.Z100.;
M30;
```

2.2　实践操作：车削简单的轴类零件

第1步　选择机床及系统

进入数控仿真系统，选择菜单栏"机床→选择机床"命令，如图2.2（a）所示，在弹出的"选择机床"对话框中选择控制系统为FANUC，机床类型为"车床"，选择"沈阳机床厂CAK6136V"数控车床，如图2.2（b）所示。然后，单击"数控加工仿真系统"菜单栏下侧工具条上的⊞按钮，将机床视图调整为俯视图。

（a）

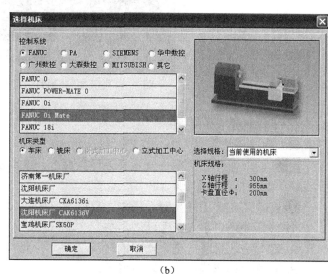
（b）

图2.2　选择机床及系统

第2步　激活机床（开机）

01 按系统启动键███，打开系统电源。

02 检查急停键是否松开至◉状态，若未松开，按急停键◉将其松开。

> **小贴士**
>
> FANUC 0i数控系统的开机操作为松开急停键◉。

第3步　车床回参考点（回零操作）

01 检查操作面板上X轴回零指示灯、Z轴回零指示灯是否亮。若指示灯亮，则机床已回参考点；若指示灯不亮，则按"回零"键▣，转入回参考点模式。

02 在回参考点模式下，先将X轴回零，按操作面板上的"X轴正方向"键↓，此时X轴将回原点，X轴回参考点灯变亮，CRT上的X坐标变为"600.000"。

同样，再按"Z轴正方向"键 ➡️，Z轴将回原点，Z轴回原点灯指示变亮。此时 CRT 如图 2.3 所示。

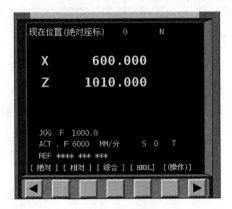

图 2.3　显示 X、Z 轴的绝对坐标

第4步　定义及装夹毛坯

（1）定义毛坯数据

01 选择菜单栏"零件→定义毛坯"命令，或单击工具条上的 🗄 按钮，弹出"定义毛坯"对话框，如图 2.4（a）所示。

02 在"定义毛坯"对话框中，可以对"名字"、"材料"、"形状"等进行设置。

① 设置毛坯名字：在毛坯"名字"文本框内输入毛坯名，也可使用默认值。

② 选择毛坯材料：选择低碳钢材料。

③ 选择毛坯形状：选择圆柱形毛坯。

④ 毛坯尺寸输入：在毛坯尺寸文本框中输入尺寸，长度"65"，直径"45"，单位是 mm，如图 2.4（b）所示。

03 单击"确定"按钮，保存定义的毛坯并退出本操作。

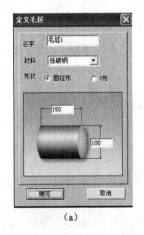
（a）

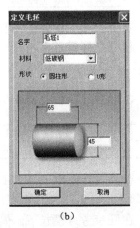
（b）

图 2.4　"定义毛坯"对话框

（2）装夹零件毛坯

01　选择菜单栏"零件→放置零件"命令，或单击工具条上的 按钮，弹出如图 2.5 所示的"选择零件"对话框。

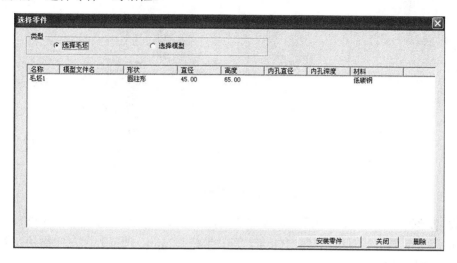

图 2.5　"选择零件"对话框

02　选择要安装的毛坯 1，然后单击"安装零件"按钮，系统自动关闭对话框，并弹出"移动零件"窗口，单击 按钮，如图 2.6 所示，将零件毛坯调整到伸出最长。

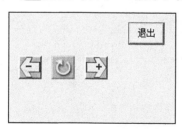

图 2.6　调整毛坯长度为最长

03　单击"退出"按钮退出。

第 5 步　选择加工刀具

01　打开"刀具选择"对话框。选择菜单栏"机床→选择刀具"命令，或单击工具条上 按钮，弹出"刀具选择"对话框，如图 2.7（a）所示。

02　安装 1 号外圆粗车刀。选择刀位，在刀架图中单击 1 号刀位。选择刀片形状为标准 80°菱形粗车刀片，刃长 9mm，刀尖半径 0.4mm。选择外圆左向横柄，主偏角为 95°，如图 2.7（b）所示。

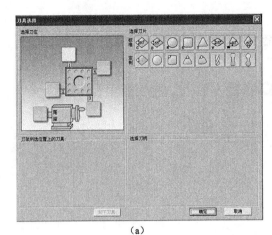
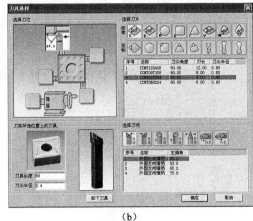

（a）   （b）

图 2.7　安装 1 号外圆粗车刀

03 安装 2 号外圆精车刀。选择刀位，在刀架图中单击 2 号刀位。选择刀片形状为标准 35° 菱形精车刀片，刃长 16mm，刀尖半径 0.2mm。选择外圆左向横柄，主偏角为 95°，如图 2.8 所示。

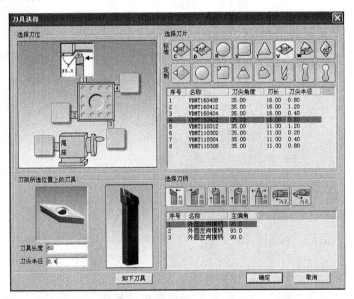

图 2.8　安装 2 号外圆精车刀

04 单击"确定"按钮，安装刀具的操作完成。

第 6 步　输入加工程序

（1）用键盘输入程序

按机床操作面板的"编辑"键将机床操作模式调整到编辑方式，然后在系统操作上按 prog 键，进入编辑页面，选定了一个数控程序后，此程序显示在 CRT 界面上，可对数控程序进行编辑操作。

1）移动光标：按 page 或 page 键翻页，按 ↓ 或 ↑ 键移动光标。

2）插入字符：先将光标移到所需位置，按 MDI 键盘上的数字/字母键，将代码输入到输入域中，按 INSERT 键，把输入域的内容插入到光标所在代码后面。

3）删除输入区中的数据：按 CAN 键用于删除输入区中的数据。

4）删除字符：先将光标移到所需删除字符的位置，按 DELETE 键，删除光标所在的代码。

5）替换：先将光标移到所需替换字符的位置，将替换成的字符通过系统操作键盘输入到输入区中，按 ALTER 键，把输入域的内容替代光标所在的代码。

（2）DNC 传送加工程序

按操作面板上的"编辑"键，编辑状态指示灯变亮，此时已进入编辑状态。按系统操作面板上的 prog 键，CRT 界面转入编辑页面。再单击菜单软键【操作】，在下级子菜单中单击软键▶，单击菜单软键【READ】，转入如图 2.9（a）所示界面，按 MDI 键盘上的数字/字母键，输入"Ox"（x 为任意不超过四位的数字），单击软键【EXEC】；选择菜单栏"机床→DNC 传送"，在弹出的"打开"对话框图 2.9（b）中选择所需的 NC 程序，单击"打开"按钮确认，则数控程序被导入并显示在 CRT 界面上。

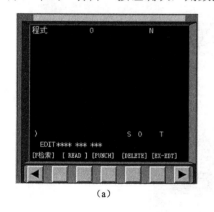
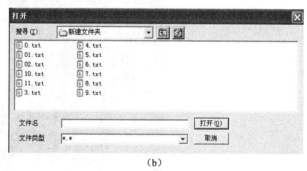

（a）　　　　　　　　　　　　　　　（b）

图 2.9　DNC 传送加工程序界面

第7步　对刀

01 按机床操作面板上的"手动"键将机床操作模式调整到手动方式，按"主轴正转"键，主轴正转，按住 ← 键，将机床向负方向靠近工件移动，按下"快移"键使机床以叠加速度快速移动，当刀具靠近工件时取消快移，将刀具移动到工件端面左侧 1mm 处，如图 2.10 所示，把手动倍率调整到"X10 25%"，按"X 轴负方向"键 ↑ 试切工件端面，如图 2.11 所示，切完端面后按"X 正方向"键 ↓，按原路径将刀具退出，按"主轴停止"键将主轴停转。

在机床系统面板中按"OFFSET SETTING"键，进入形状补偿参数设定对话框，单击菜单软键【形状】，将刀具补偿界面调整到形状补偿界面，把光标移动到与刀具相对应的位置，输入"Z0"，单击菜单软键【测量】，对应的刀具偏置量自动输入，Z 轴方向对刀完成，如图 2.12 所示。

图 2.10   将刀具移动到工件端面

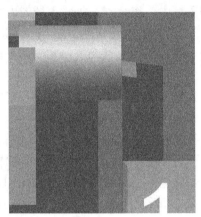

图 2.11   刀具沿 X 轴试切完成

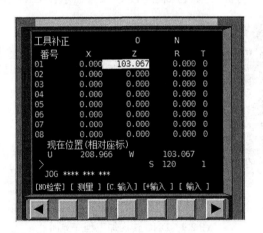

图 2.12   01 号刀具 Z 轴方向对刀完成

02 按"主轴正转"键，主轴正转，将刀具移动靠近工件，把手动倍率调整到"X10 25%"，按"Z 轴负方向"键←试切工件外圆，切削 15mm 左右，按"Z 正方向"键→，按原路径将刀具退出，按"主轴停止"键将主轴停转。选择菜单栏"测量→剖面图测量"，系统弹出对话框，如图 2.13 所示，单击"否"按钮，打开车床工件测量窗口，如图 2.14 所示，选择试切过的外圆表面，读试切的 X 值 43.477mm。在机床系统面板中按"OFFSET SETTING"键，进入形状补偿参数设定对话框，单击菜单软键【形状】，将刀具补偿界面调整到形状补偿界面，把光标移动到与刀具相对应的位置，输入"X43.477"，单击菜单软键【测量】，对应的刀具偏置量自动输入，X 轴方向对刀完成。01 号车刀对刀完成界面如图 2.15 所示。

图 2.13　"请您作出选择"对话框

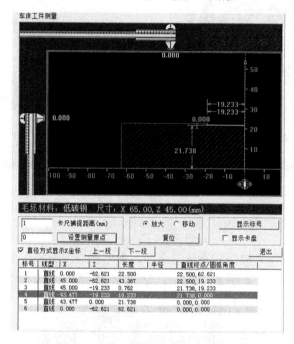

图 2.14　车床工件测量

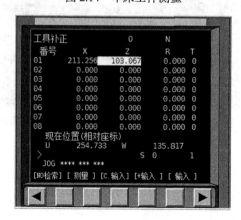

图 2.15　01 号车刀对刀完成

在手动方式下，按"手动选刀"键，将 2 号精车刀切换至当前刀具。按照 1 号刀对刀方法，对 2 号刀进行对刀及设置。

第 8 步　自动加工工件

01 按机床操作面板上的"自动"按钮，此时机床进入自动加工模式。

02 按操作面板的"循环启动"按钮，程序自动运行。加工过程如图 2.16 所示。
零件粗、精加工结束后如图 2.17 所示。

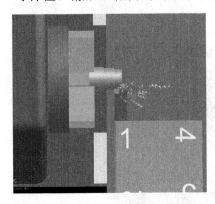 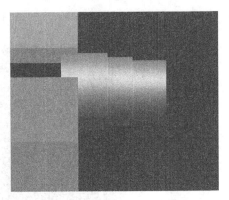

图 2.16　零件加工过程　　　　　　　　图 2.17　零件加工完成展示

第 9 步　检测

选择菜单栏"测量→剖面图测量"命令，弹出"请您选择"对话框，选择"否"，
打开车床工件测量窗口，如图 2.18 所示，分别对相应的尺寸进行检测。

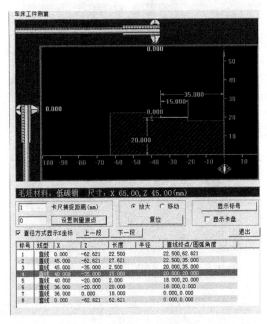

图 2.18　零件尺寸检查

第 10 步　考核评价

操作完毕后，结合表 2.1 对本次任务实施过程及任务结果进行客观的评价，包括学生自评、小组互评和教师总体评价。评分完成后，学生可填写学习体会，包括本次任务的完成情况、完成效果、收获体会和改进措施等。

表 2.1　考核评价

序号	项　目	技　术　要　求	配分	评 分 标 准	检测记录	得分
1	软件操作	进入仿真软件	2	每错一次扣 2 分		
2	机床选择	正确选择机床	3	每错一次扣 3 分		
3	机床操作	开机、回零	4	每错一次扣 3 分		
4		装刀、装毛坯	6	每错一次扣 3 分		
5	试切对刀	对刀并输入刀补值	30	每错一处扣 5 分		
6	程序输入	正确输入程序	15	每错一处扣 5 分		
7	自动运行	按程序要求自动加工	10	每错一处扣 5 分		
8	自动单段运行	进行单段运行、体会程序	10	另选一种得 10 分		
9	再次自动运行	另选刀具对刀后自动加工	10	每错一处扣 5 分		
10	文明操作	爱护计算机设备	10	一次意外扣 2 分		

综合得分：　　　　　　　　　　　　　　　　　　　教师签字：

学习体会：

任务描述

在仿真软件上编写加工程序并仿真加工简单的轴类零件，见图3.1。材料为45钢，毛坯尺寸为 $\phi 45mm \times 65mm$。

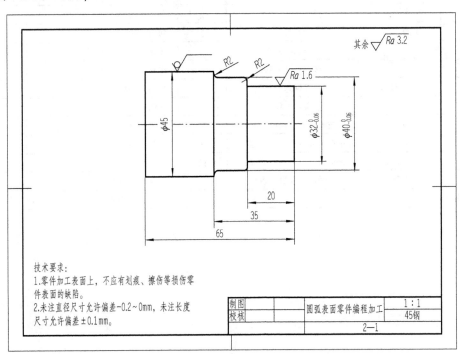

图 3.1 加工零件图样

知识目标

1. 掌握 G02、G03 指令的格式及应用。

2. 掌握圆弧半径补偿 G40、G41、G42 指令的运用。

3. 掌握带有圆弧的轴类零件的加工方法和加工工艺要求。

能力目标

1. 能使用 G02、G03 指令编写零件的加工程序。

2. 能遵循圆弧轴类零件的加工工艺，完成加工。

3.1　相关知识：G02 与 G03 指令的使用、零件加工的工艺

1.　G02/G03 圆弧插补指令

（1）指令定义

圆弧插补指令用于使刀具从圆弧起点移动到圆弧终点，切削出圆弧轮廓。

G02 为顺时针圆弧插补指令，G03 为逆时针圆弧插补指令。

（2）指令格式

```
G02/G03 X(U)_ Z(W)_ R_ F_;
```

X、Z：绝对编程时使用的坐标。

U、W：相对编程时使用的坐标。

R：圆弧半径。

F：进给速度。

（3）指令应用

1）圆弧顺逆方向的判断：从 Y 轴正向向负方向看，顺时针圆弧称为顺弧，用 G02 加工；逆时针圆弧称为逆弧，用 G03 加工，如图 3.2 所示。

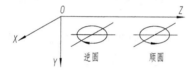

图 3.2　圆弧顺逆方向的判断

2）圆弧半径也有正负之分：当圆弧所对应的圆心角 α 为 $0° \sim 180°$ 时，圆弧半径 R 取正值；圆心角 α 为 $180° \sim 360°$ 时，圆弧半径 R 取负值。

3）G02/G03 是模态指令。

2.　刀尖圆弧半径补偿

刀具车削时，实际切削点是过渡刃圆弧与工件轮廓表面的切点。因此，实际编程和对刀时，以图 3.3（b）中点 P 为刀位点。

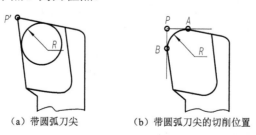

（a）带圆弧刀尖　　　　　（b）带圆弧刀尖的切削位置

图 3.3　圆弧刀尖半径的位置点

车削锥面及圆弧面时，实际切削点与点 P 之间在 X 轴、Z 轴方向都存在位置偏差，以点 P 编程的轨迹为零件轮廓线（实线），刀尖圆弧实际切削轨迹为图中虚线，两者产生欠切误差 δ，如图 3.4 所示。

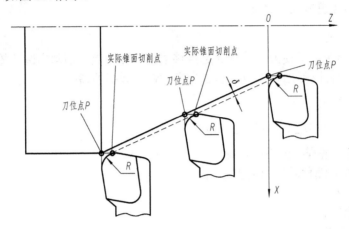

图 3.4　刀具的实际切削位置

在加工中，刀具实际切削点的位置，随着加工表面不同而变化，但不管如何变化，刀尖圆弧的圆心始终与实际切削点保持一个刀尖圆弧半径值，故采用刀尖圆弧圆心作为刀位点进行编程。

在加工前，通过数控系统可使刀具按指定方位偏离一个刀具半径值，这样刀具实际切削的轨迹即为零件轮廓线的轨迹，该功能称为刀尖圆弧半径补偿，如图 3.5 所示。

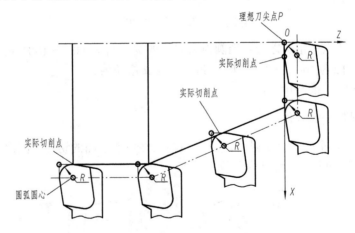

图 3.5　刀具切削位置

（1）刀具半径补偿的方法

完成刀具半径补偿，必须进行两方面的工作：

①　在加工前，通过机床数控系统的操作面板向系统存储器中输入刀尖圆弧半径 R 和刀尖方位 T 参数。

② 编程时，按零件轮廓编程，并在程序中采用刀具半径补偿指令。

（2）刀具半径补偿参数及设置

刀尖半径 R：一般粗加工取 0.8mm，半精加工取 0.4mm，精加工取 0.2mm，若粗、精加工采用同一把刀，一般刀尖半径取 0.4mm。

刀尖方位 T：如图 3.6 所示，共有 9 种。

刀架前置刀尖方位 T：外圆右偏刀 $T=3$mm，镗孔右偏刀 $T=2$mm。

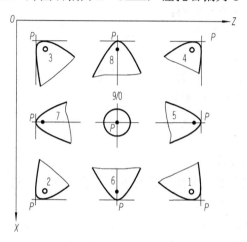

图 3.6 刀尖方位

（3）半径补偿指令 G41、G42、G40

1）G41、G42、G40 指令格式：

$$\left.\begin{matrix} G41 \\ G42 \\ G40 \end{matrix}\right\} \left.\begin{matrix} G01 \\ G00 \end{matrix}\right\} X\_Z\_$$

X、Z 为建立（G41、G42）或取消（G40）刀具补偿程序段中，刀具移动的终点坐标，如图 3.7 所示。

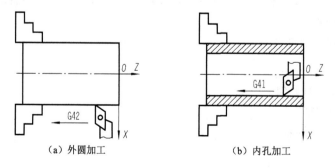

（a）外圆加工　　　　　　　　（b）内孔加工

图 3.7 外圆、内孔加工的刀具位置

2）G41、G42、G40 指令说明：

① G41、G42、G40 指令与 G01、G00 指令可在同程序段出现，通过直线运动建立或取消刀补。

② G41、G42、G40 为模态指令。

③ G41、G42 不能同时使用，即在程序中，前面程序段有了 G41 就不能继续使用 G42，必须先用 G40 指令解除 G41 刀补状态后，才可使用 G42 刀补指令。

3）G41、G42、G40 指令应用：

① 当刀具磨损或刀具重磨后，刀尖圆弧半径变大，只需重新设置刀尖圆弧半径的补偿量，而不必修改程序。

② 应用刀具半径补偿，可使用同一加工程序，对零件轮廓分别进行粗、精加工。若精加工余量为Δ，则粗加工时设置补偿量为$r+\Delta$，精加工时设置补偿量为r即可。

3. 零件的加工工艺

（1）确定零件装夹方式

装夹方式采用自定心卡盘夹持零件右端，一次完成粗、精加工。

（2）确定加工顺序及进给路线

从右至左粗加工零件各表面，单边留精加工余量 0.5mm。

从右至左连续精加工零件各表面，达到图纸要求。

（3）刀具选择

根据加工要求，选用 2 把刀具，01 号刀为外圆粗车车刀；02 号刀为外圆精车车刀。

（4）确定切削用量

根据被加工零件表面质量要求、刀具材料和工件材料，参考切削用量手册或有关资料选取切削速度和每转进给量，粗车外圆选用 S500、F0.2，精车外圆选用 S800、F0.1。

（5）编制数控加工程序

套用 FANUC 0i 数控系统的编程格式，设定编程坐标系原点在零件右端面和轴心线交点，编写加工程序。

1）零件右端粗加工程序：

```
O00001;
G99M03S500T0101;
G00X100.Z100.;
G00G42X45.Z2.;
X41.;
G01X41.Z-33.F0.2;
G02X44.Z-34.5R1.5F0.2;
G01X45.;
```

```
G00Z2.;
X36.;
G01X36.Z-19.9F0.2;
X45.;
G00Z2.;
X32.;
G01X32.Z-19.9F0.2;
X37.Z-19.5;
G03X41.Z-21.5R2.5;
G01X45.;
G00G40Z2.;
X100.Z100.;
M30;
```

2）零件右端精加工程序：

```
O0002;
G99M03S800T0202;
G00X100.Z100.;
G00G42X45.Z2.;
X32.;
G01X32.Z-20.F0.1;
X36.;
G03X40.Z-22.R2.F0.1;
G01Z-33F0.1.;
G02X44.Z-35.R2.F0.1;
G01X45.F0.1;
G00G40X100.Z100.;
M30;
```

3.2　实践操作：车削圆弧表面零件

第 1 步　选择机床及系统

　　进入数控仿真系统，选择菜单栏"机床→选择机床"命令，如图 3.8（a），在弹出的"选择机床"对话框中选择控制系统为 FANUC，机床类型为"车床"，选择"沈阳机床厂 CAK6136V"数控车床，如图 3.8（b）。然后，单击"数控加工仿真系统"菜单栏下侧工具条上的▣按钮，将机床视图调整为俯视图。

（a）

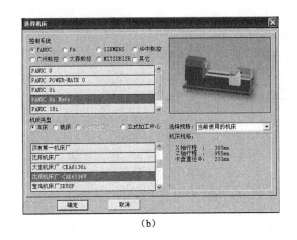

（b）

图3.8 选择机床及系统

第2步 激活机床（开机）

01 按系统启动键▨，打开系统电源。

02 检查急停键是否松开至◉状态，若未松开；按急停键◉，将其松开。

第3步 车床回参考点（回零操作）

01 检查操作面板上 X 轴回零指示灯，Z 轴回零指示灯是否高亮显示。若指示灯亮，则机床已回参考点；若指示灯显示灰色，则按"回零"键回零，转入回参考点模式。

02 在回参考点模式下，先将 X 轴回零，按操作面板上的"X 轴正方向"键↓，此时 X 轴将回原点，X 轴回参考点指示灯变亮，CRT 上的 X 坐标变为"600.000"。

同样，再按"Z 轴正方向"键→，Z 轴将回原点，Z 轴回原点指示灯变亮。此时 CRT 如图3.9所示。

图3.9 显示 X、Z 轴的绝对坐标

第4步 定义及装夹毛坯

（1）定义毛坯数据

01 选择菜单栏"零件→定义毛坯"命令，或单击工具条上的▨按钮，弹出"定义毛坯"对话框，如图3.10（a）所示。

02 在"定义毛坯"对话框中，可以对"名字"、"材料"、"形状"等进行设置。

1）设置毛坯名字：在毛坯"名字"文本框内输入毛坯名，也可使用默认值。

2）选择毛坯材料：选择低碳钢材料。

3）选择毛坯形状：选择圆柱形毛坯。

4）设置毛坯尺寸：在毛坯尺寸文本框中输入尺寸，长度"65"，直径"45"，单位是mm，如图3.10（b）。

03 保存退出：单击"确定"按钮，保存定义的毛坯并退出本操作。

（a）　　　　　　　　　　　　　　　　　（b）

图3.10　"定义毛坯"对话框

（2）装夹零件毛坯

01 选择菜单栏"零件→放置零件"命令，或单击工具条上的 ![按钮] 按钮，弹出如图3.11所示的对话框。

02 选择要安装的毛坯1，然后单击"安装零件"按钮，关闭对话框，并弹出"移动零件"窗口，单击 ![按钮] 按钮，如图3.12所示，将零件毛坯调整到伸出最长。

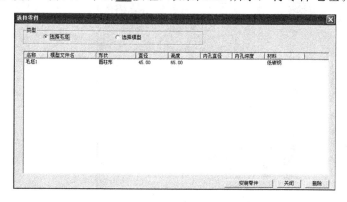 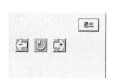

图3.11　"选择零件"对话框　　　　　　　图3.12　调整毛坯长度为最长

03 单击"退出"按钮，退出。

第 5 步　选择加工刀具

01 打开"刀具选择"对话框。选择菜单栏"机床→选择刀具"命令，或单击工具条上的 🔧 按钮，弹出"刀具选择"对话框，如图 3.13 所示。

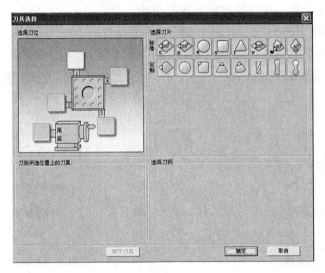

图 3.13　"刀具选择"对话框

02 安装 1 号外圆粗车刀。选择刀位，在刀架图中单击 1 号刀位。选择刀片形状为标准 80°菱形粗车刀片，刃长 9mm，刀尖半径 0.4mm。选择外圆左向横柄，主偏角为 95°，如图 3.14 所示。

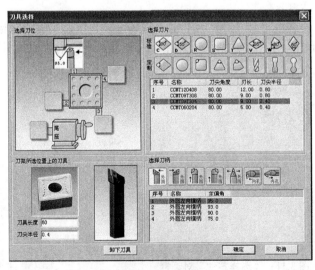

图 3.14　安装 1 号外圆粗车刀

03 安装 2 号外圆精车刀。选择刀位，在刀架图中单击 2 号刀位。选择刀片形状为标准 35°菱形精车刀片，刃长 16mm，刀尖半径 0.2mm。选择外圆左向横柄，主偏角为 95°，如图 3.15 所示。

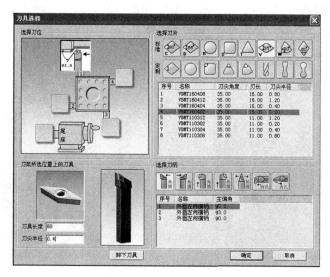

图 3.15　安装 2 号外圆精车刀

04 单击"确定"按钮，安装刀具的操作完成。

第 6 步　输入加工程序

按机床操作面板的"编辑"键将机床操作模式调整到编辑方式，然后在系统操作面板上按 PROG 键，进入编辑页面，选定了一个数控程序后，此程序显示在 CRT 界面上，可对数控程序进行编辑操作。

1）移动光标。按 PAGE 或 PAGE 键翻页，按 ↓ 或 ↑ 键移动光标。

2）插入字符。先将光标移到所需位置，单击 MDI 键盘上的数字/字母键，将代码输入到输入域中，按 INSERT 键，把输入域的内容插入到光标所在代码后面。

3）删除输入区中的数据。按 CAN 键用于删除输入区中的数据。

4）删除字符。先将光标移到所需删除字符的位置，按 DELETE 键，删除光标所在的代码。

5）替换。先将光标移到所需替换字符的位置，将替换成的字符通过系统操作键盘输入到输入区中，按 ALTER 键，把输入域的内容替代光标所在的代码。

第 7 步　对刀

01 按机床操作面板的 MDI 键将机床操作模式调整到录入方式，按 PROG 键，系统显示屏调整到录入界面，输入"M03 S500"按启动按钮，主轴正转，然后将机床的操作方式选择到手动方式下，按住 ← 键，将机床向负方向靠近工件移动，按下"快移"键使机床以叠加速度快速移动，当刀具靠近工件时取消快移，将刀具移动到工件端面左侧 1mm

处，如图 3.16 所示，把手动倍率调整到"X10 25%"，按"X 轴负方向"键 ↑ 试切工件端面，如图 3.17 所示，切完端面后按"X 正方向"键 ↓，按原路径将刀具退出，按"主轴停止"键，将主轴停转。在机床系统面板中按 键，进入形状补偿参数设定对话框，单击菜单软键【形状】，将刀具补偿界面调整到形状补偿界面，把光标移动到与刀具相对应的位置，输入"Z0"，单击菜单软键【测量】，对应的刀具偏置量自动输入，Z 轴方向对刀完成，如图 3.18 所示。

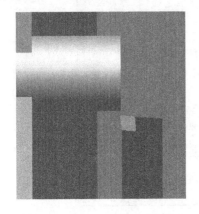

图 3.16　将刀具移动到工件端面

图 3.17　刀具沿 X 轴试切完成

02 按"主轴正转"键，主轴正转，将刀具移动靠近工件，把手动倍率调整到"X10 25%"，按"Z 轴负方向"键 ← 试切工件外圆，切削 15mm 左右，按"Z 正方向"键 →，按原路径将刀具退出，按"主轴停止"键将主轴停转。选择菜单栏"测量→剖面图测量"命令，系统弹出对话框，如图 3.19 所示，单击"否"按钮，打开车床工件测量窗口，如图 3.20 所示，选择试切过的外圆表面，读试切的 X 值 41.334mm。在机床系统面板中按 键，进入形状补偿参数设定对话框，单击菜单软键【形状】，将刀具补偿界面调整到形状补偿界面，把光标移动到与刀具相对应的位置，输入"X41.334"，单击菜单软键【测量】，对应的刀具偏置量自动输入，X 轴方向对刀完成，如图 3.21 所示。

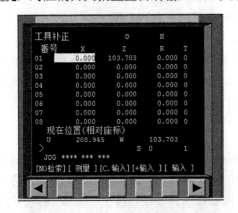

图 3.18　01 号刀具 Z 轴方向对刀完成

图 3.19　选择测量时是否保留半径小于 1 的圆弧

03　在手动方式下，按"手动选刀"键，将 2 号精车刀切换至当前刀具。

04　将 1 号刀相对应的 R 值设定为刀具的刀尖圆弧半径 0.4mm，刀尖位置号设定为 3，如图 3.22 所示。

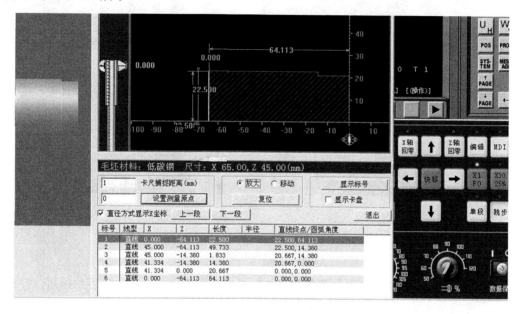

图 3.20　车床工件测量

图 3.21　01 号车刀对刀完成

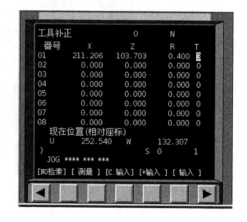

图 3.22　设置刀尖圆弧半径、刀尖位置

05　在手动方式下，按"手动选刀"键，将 2 号精车刀切换至当前刀具。按照 1 号刀对刀方法，对 2 号刀进行对刀及设置。

第 8 步　自动加工工件

01　按机床操作面板上的"自动"键 自动，此时机床进入自动加工模式。

02　按操作面板的"循环启动"键 ，程序自动运行。加工过程如图 3.23 所示。

零件粗精加工结束后如图 3.24 所示。

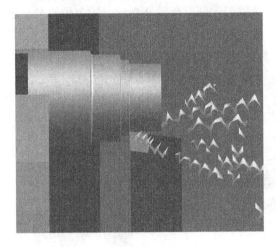

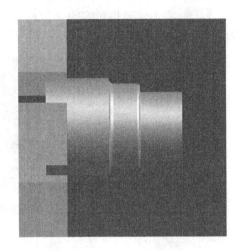

图 3.23　零件加工过程　　　　　　　图 3.24　零件加工完成展示

第 9 步　检测

选择菜单栏"测量→剖面图测量"命令，系统弹出对话框，单击"否"按钮，打开车床工件测量窗口，如图 3.25 所示，分别对相应的尺寸进行检测。

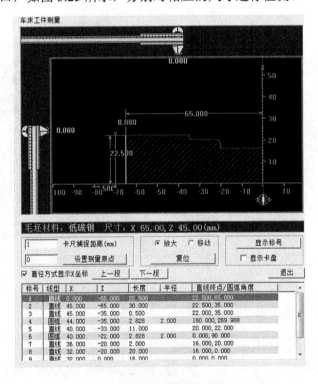

图 3.25　零件尺寸检测

第 10 步 考核评价

操作完毕后，结合表 3.1 对本次任务实施过程及任务结果进行客观的评价，包括学生自评、小组互评和教师总体评价。评分完成后，学生可填写学习体会，包括本次任务的完成情况、完成效果、收获体会和改进措施等。

表 3.1 考核评价

序号	项 目	技 术 要 求	配分	评 分 标 准	检测记录	得分
1	软件操作	进入仿真软件	2	每错一次扣 2 分		
2	机床选择	正确选择机床	3	每错一次扣 3 分		
3	机床操作	开机、回零	4	每错一次扣 3 分		
4		装刀、装毛坯	6	每错一次扣 3 分		
5	试切对刀	对刀并输入刀补值	30	每错一处扣 5 分		
6	程序输入	正确输入程序	15	每错一处扣 5 分		
7	自动运行	按程序要求自动加工	10	每错一处扣 5 分		
8	自动单段运行	进行单段运行，体会程序	10	另选一种得 10 分		
9	再次自动运行	另选刀具对刀后自动加工	10	每错一处扣 5 分		
10	文明操作	爱护计算机设备	10	一次意外扣 2 分		

综合得分：   教师签字：

学习体会：

任务描述

在仿真软件上编写加工程序并仿真加工简单的轴类零件，见图4.1。材料为45钢，毛坯尺寸为ϕ45mm×65mm。

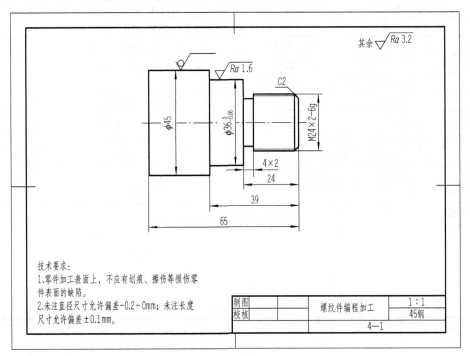

图4.1 加工零件图样

知识目标

1．了解螺纹的基本知识。

2．掌握G32、G92螺纹编程指令的编程格式及特点。

3．掌握螺纹数控车削加工工艺。

能力目标

1．能灵活运用螺纹加工指令，并完成螺纹加工。

2．能对加工出的螺纹进行质量分析。

4.1　相关知识：螺纹加工的基础知识、零件加工的工艺

1. 螺纹加工的基础知识

（1）螺纹的形成

螺纹：一个与轴线共面的平面图形（三角形、梯形等），绕圆柱面做螺旋运动，则得到一圆柱螺旋体，其加工如图 4.2 所示。

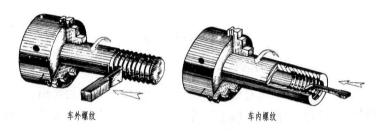

车外螺纹　　　　　　　　　车内螺纹

图 4.2　车削螺纹

（2）螺纹的基本要素

制在圆柱体外表面上的螺纹叫外螺纹。

制在圆柱体内表面上的螺纹叫内螺纹。

螺纹的基本要素有五个，即牙型、直径、螺距（或导程/线数）、线数和旋向。内外螺纹配合时，两者的五要素必须相同。

1）螺纹的牙型。

在通过螺纹轴线的剖面上，螺纹的常用牙型如图 4.3 所示。

 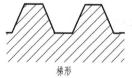 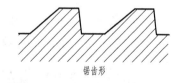

三角形　　　　　　　　　梯形　　　　　　　　　锯齿形

图 4.3　螺纹的常用牙型

2）螺纹的直径。

大径：与外螺纹牙顶或内螺纹牙底相切的假想圆柱面的直径。内外螺纹的大径分别用 D、d 表示。

小径：与外螺纹牙底或内螺纹牙顶相切的假想圆柱面的直径。内外螺纹的小径分别用 D_1、d_1 表示。

中径：一个假想圆柱的直径。该圆柱的母线通过牙型上沟槽和凸起宽度相等的地方。内外螺纹的中径分别用 D_2、d_2 表示，如图 4.4 所示。

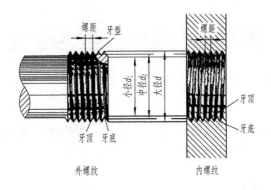

图 4.4 螺纹的要素

3）螺距和导程。

螺纹上相邻两牙在中径线上对应两点之间的轴向距离 P 称为螺距。

同一条螺纹上相邻两牙在中径线上对应两点之间的轴向距离 L 称为导程，如图 4.5 所示。

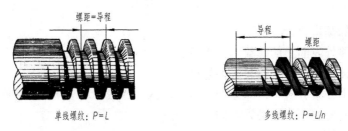

图 4.5 螺纹的螺距和导程

4）螺纹的线数 n。

沿一条螺旋线形成的螺纹叫做单线螺纹；沿两条或两条以上在轴向等距分布的螺旋线所形成的螺纹叫做多线螺纹，如图 4.6 所示。

图 4.6 螺纹的线数

（3）常见螺纹的种类

常见螺纹分为恒螺距螺纹和变螺距螺纹、外螺纹和内螺纹、圆柱螺纹（直螺纹）和锥螺纹（圆锥螺纹）、右旋和左旋螺纹等。

普通螺纹是应用最为广泛的一种管螺纹，牙型角为 60°，有圆柱螺纹、圆锥螺纹、端面螺纹等几种形状，如图 4.7 所示。

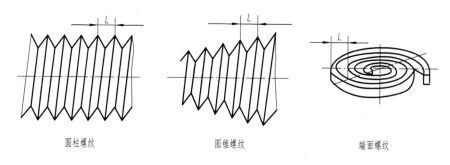

圆柱螺纹　　　　　　圆锥螺纹　　　　　　端面螺纹

图 4.7　螺纹的分类

（4）普通螺纹的标记

普通螺纹分粗牙螺纹和细牙螺纹。粗牙普通螺纹采用标准螺距，其代号用字母"M"及公称直径表示，如 M16、M12 等。细牙普通螺纹代号用字母"M"及公称直径×螺距表示，如 M24×1.5、M27×2 等。

普通螺纹有左旋和右旋之分，左旋螺纹应在螺纹标记的末尾处加注"－LH"字样，如 M20×1.5－LH 等，未注明的是右旋螺纹。

普通螺纹还有单线与多线螺纹之分，单线普通螺纹标记已标准化，多线圆柱螺纹标记为：螺纹公称直径×导程/线数－精度，例如，M30×3/2－7h 表示螺纹公称直径是 M30，导程是 3，线数是 2，中径顶径公差为 7h 的右旋细牙螺纹。

（5）螺纹基本牙型和尺寸

普通圆柱螺纹牙型高度是指在螺纹牙型上，牙顶到牙底之间垂直于螺纹轴线的距离，如图 4.8 所示。

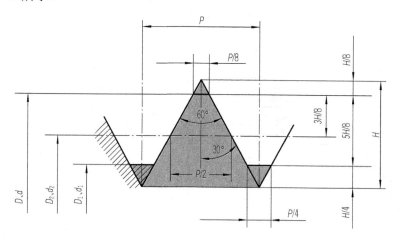

图 4.8　螺纹的牙型

螺距 P，牙型角 60°。

原始三角形高度 $H=0.866P$。

削平高度：外螺纹牙顶和内螺纹牙底要削平 $H/8$，外螺纹牙底和内螺纹牙顶要削平 $H/4$。

牙型高度 $h_1=5H/8=0.5413P$。

大径 $d=D$（公称直径）。

中径 $d_2=D_2=d-2\times3H/8=d-0.6495P$。

小径 $d_1=D_1=d-10H/8=d-1.0825P$。

（6）螺纹加工参数

加工外螺纹大径和内螺纹小径与车削螺纹不在同一工步完成，对于外螺纹要先车好外螺纹大径、倒角，后车外螺纹；对于内螺纹要先钻或镗好内螺纹小径、倒角，后车内螺纹，这样必须确定外螺纹大径、内螺纹小径。原则上，外螺纹大径 d 编程尺寸在（螺纹公称直径+大径基本偏差）～（螺纹公称直径+大径基本偏差－大径公差）的范围内选择，具体查阅相关手册。实践中可按以下经验公式计算：

外螺纹大径 $d=$ 螺纹公称直径 $-0.13P$。

外螺纹小径 $d_1=d-1.0825P$。

内螺纹小径 $D_1=$ 螺纹公称直径 $-P$。

内螺纹小径 $D_1\approx D-(1.04\sim1.08)P$。

内螺纹大径 $D=$ 螺纹公称直径。

内外螺纹配合时，牙顶和牙底间要留有间隙，所以螺纹牙型高度最好不要直接按上文中公式计算，建议牙顶和牙底各削平 $H/8$ 来计算牙型高度。

牙型高度 $h_1=6H/8\approx0.65P$，式中 P 是螺距（mm），不是导程。

（7）进给次数与背吃刀量

如果螺纹牙型较深或螺距较大，可分几次进给，每次进给的背吃刀量按递减规律分配。

常用米制（公制）螺纹切削次数与背吃刀量的关系如表 4.1 所示。

表 4.1　背吃刀量及切削次数

螺距/mm		1.0	1.5	2.0	2.5	3.0	3.5	4.0
牙深/mm		0.649	0.974	1.299	1.624	1.949	2.273	2.598
背吃刀量/mm及切削次数	1 次	0.7	0.8	0.9	1.0	1.2	1.5	1.5
	2 次	0.4	0.6	0.6	0.7	0.7	0.7	0.8
	3 次	0.2	0.4	0.6	0.6	0.6	0.6	0.6
	4 次		0.16	0.4	0.4	0.4	0.6	0.6
	5 次		0.1	0.4	0.4	0.4	0.4	0.4
	6 次			0.15	0.4	0.4	0.4	0.4
	7 次				0.2	0.2	0.2	0.4
	8 次						0.15	0.3
	9 次							0.2

（8）车削螺纹的主轴转速

推荐公式：

$$S \leqslant 1200/P - k$$

式中：P 为螺纹导程（mm）；S 为主轴转速（r/min）；k 为保险系数，一般取 80。

（9）空刀导入量和空刀退出量

车螺纹开始时有一个加速过程，结束前有一个减速过程，在这距离中，螺纹不可能保持均匀，所以在车削螺纹的前、后，两端必须设置足够的升速进刀段（空刀导入量）L_1 和减速退刀段（空刀导出量）L_2。一般 $L_1 \geqslant 2P$，$L_2 \geqslant 0.5P$（$L_1 = 4 \sim 6$mm，$L_2 = 1 \sim 3$mm），并且螺纹退刀槽的宽度应大于空刀退出量的大小。

（10）设备要求

通常螺纹切削时，从粗车到精车需要刀具多次在同一轨迹上进行的，因此，无论进行几次螺纹切削，工件圆周上切削始点都是相同的，螺纹切削轨迹是相同的，但是从粗车到精车主轴的转速是恒定的，如果主轴转速发生变化，螺纹则会产生一些偏差。

（11）注意事项

1）车削螺纹时，受车刀挤压后会使螺纹大径尺寸胀大，因此车螺纹前外圆直径，应比螺纹大径小。当螺距为 1.5～3.5mm 时，外径一般可以小 0.2～0.4mm。

2）车内螺纹时因为车削时的挤压作用，内孔直径会缩小（车削塑性材料较明显），所以车内螺纹前的孔径（$D_孔$）应比内螺纹小径（D_1）大些，又由于内螺纹加工后的实际顶径允许大于 D_1 的基本尺寸，所以实际生产中，普通螺纹在车内螺纹前的孔径尺寸，可用下列近似公式计算：

车塑性材料内螺纹：

$$D_孔 \approx d - P$$

车脆性材料内螺纹：

$$D_孔 = d - 1.05P$$

2. G32 单行程螺纹切削

（1）指令格式

```
G32 X(U)_ Z(W)_ F_;
```

X、Z：绝对编程时螺纹的终点坐标。

U、W：相对编程时螺纹的终点坐标。

F：螺纹导程。

（2）指令应用

1）圆柱螺纹切削加工时，X、U 值可以省略，格式为

```
G32 Z(W)_ F_;
```

断面螺纹切削加工时，Z、W 值可以省略，格式为

    G32 X(U)_ F_;

2）螺纹切削应注意在两端设置足够的升速进刀段 L_1 和降速退刀段 L_2，在程序设置时，应将车刀的切入、切出、返回均编入程序中。

3）通常，螺纹切削是沿着同样的刀具轨迹从粗车到精车重复进行的。因为螺纹切削是在主轴上的位置编码器输出一转信号时开始的，所以螺纹切削是从固定点开始且刀具在工件上的轨迹不变而重复切削螺纹。

4）主轴转速从粗车到精车必须保持恒定，否则螺纹导程不正确。

3. G92 螺纹切削固定循环

（1）指令格式

    G92 X(U)_ Z(W)_ R_ F_;

X、Z：绝对编程时螺纹的终点坐标。

U、W：相对编程时螺纹的终点坐标。

R：锥螺纹右端减左端的半径差。

F：导程（单线螺纹的螺距等于导程）。

（2）指令应用

G92 是模态代码，该指令是用于对切削内、外圆柱或圆锥螺纹的循环指令。

G92 螺纹循环可分为 4 步动作；动作 1 为快速进刀，动作 2 为螺纹切削，动作 3 为退刀，动作 4 为返回起点。

4. 零件的加工方法

（1）确定零件装夹方式

装夹方式采用自定心卡盘夹持零件右端，一次完成粗、精加工外圆，切螺纹退刀槽，最后加工螺纹。

（2）确定加工顺序及进给路线

1）从右至左粗加工零件各表面，单边留精加工余量 0.5mm。

2）从右至左连续精加工零件各表面，达到图样要求。

3）切螺纹退刀槽。

4）加工 M24×2 外螺纹。

（3）刀具选择

根据加工要求，选用 4 把刀具，01 号刀为外圆粗车车刀，02 号刀为外圆精车车刀，03 号刀为 4mm 外圆切槽刀，04 号刀为刀尖角 60°的外螺纹车刀。

（4）确定切削用量

根据被加工零件表面质量要求、刀具材料和工件材料，参考切削用量手册或有关资

料选取切削速度和每转进给量，粗车外圆选用 S500、F0.2，精车外圆选用 S800、F0.1，切螺纹退刀槽选用 S400、F0.1，切外螺纹选用 S800、F2。

（5）编制数控加工程序

套用 FANUC 0i 数控系统的编程格式，设定编程坐标系原点在零件右端面和轴心线交点，编写加工程序。

1）零件右端粗加工程序：

```
O0001;
G99M03S500T0101;
G00X100.Z100.;
X45.Z2.;
X41.;
G01X41.Z-38.9F0.2;
X45.;
G00Z2.;
X37.;
G01X37.Z-38.9F0.2;
X45.;
G00Z2.;
X33.;
G01X33.Z-23.9F0.2;
X45.;
G00Z2.;
X29.;
G01X29.Z-23.9F0.2;
X45.;
G00Z2.;
X25.;
G01X25.Z-23.9F0.2;
X45.;
G00Z2.;
X100.Z100.;
M30;
```

2）零件右端精加工程序：

```
O0002;
G99M03S800T0202;
G00X100.Z100.;
```

```
X45.Z2.;
X20.;
G01Z0.F0.1;
X23.74.Z-2.;
Z-24.;
X36.;
Z-39.;
X45.;
G00X100.Z100.;
M30;
```

3）加工螺纹退刀槽程序：

```
O0003;
G99M03S300T0303;
G00X100.Z100.;
X26.Z-24.;
G01X20.F0.1;
X26.;
G00X100.Z100.;
M30;
```

4）用 G92 指令加工 M24×2 螺纹程序：

```
O0005;
G99M03S500T0404;
G00X100.Z100.;
X26.Z2.;
G92X23.1Z-22.F2.;
X22.5;
X21.9;
X21.5;
X21.4;
G00X100.Z100.;
M30;
```

4.2 实践操作：车削简单的螺纹零件

第 1 步　选择机床

进入数控仿真系统，选择菜单栏"机床→选择机床"命令，如图 4.9（a）所示，在弹出的"选择机床"对话框中选择控制系统为 FANUC，机床类型为"车床"，选择"沈阳机床厂 CAK6136V"数控车床，如图 4.9（b）所示。然后，单击"数控加工仿真系统"菜单栏下侧工具条上的按钮，将机床视图调整为俯视图。

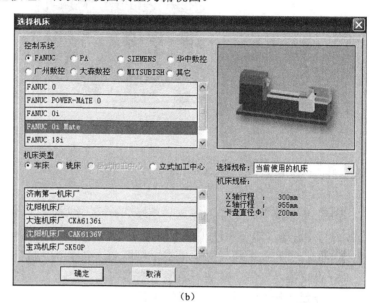

（a）　　　　　　　　　　　　　　　　　　　（b）

图 4.9　选择机床及系统

第 2 步　激活机床（开机）

01　按系统启动键■，打开系统电源。

02　检查急停键是否松开至◉状态，若未松开，按急停键◉将其松开。

第 3 步　车床回参考点（回零操作）

01　检查操作面板上 X 轴回零指示灯，Z 轴回零指示灯是否亮。若指示灯亮，则机床已回参考点；若指示灯不亮，则单击"回零"按钮 回零，转入回参考点模式。

02　在回参考点模式下，先将 X 轴回零，按操作面板上的"X 轴正方向"键↓，此时 X 轴将回原点，X 轴回参考点指示灯变亮，CRT 上的 X 坐标变为"600.000"。

同样，再按"Z 轴正方向"键→，Z 轴将回原点，Z 轴回原点指示灯变亮。此时 CRT 如图 4.10 所示。

图 4.10 显示 X、Z 轴的绝对坐标

第 4 步 定义及装夹毛坯

（1）定义毛坯数据

01 选择菜单栏"零件→定义毛坯"命令，或单击工具条上的 按钮，弹出"定义毛坯"对话框，如图 4.11（a）所示。

02 在"定义毛坯"对话框中，可以对"名字"、"材料"、"形状"等进行设置。

① 设置毛坯名字：在毛坯名字文本框内输入毛坯名，也可使用默认值。

② 设置选择毛坯材料：选择低碳钢材料。

③ 设置选择毛坯形状：选择圆柱形毛坯。

④ 设置毛坯尺寸：在毛坯尺寸文本框中输入尺寸，长度"65"，直径"45"，单位是 mm，如图 4.11（b）所示。

03 单击"确定"按钮，保存定义的毛坯并且退出本操作。

（a）

（b）

图 4.11 "定义毛坯"对话框

（2）装夹零件毛坯

01 选择菜单栏"零件→放置零件"命令，或单击工具条上的 按钮，系统弹

出如图 4.12 所示的"选择零件"对话框。

02 选择要安装的毛坯 1，然后单击"安装零件"按钮，系统自动关闭对话框，并弹出"移动零件"窗口，单击 按钮，如图 4.13 所示，将零件毛坯调整到伸出最长。

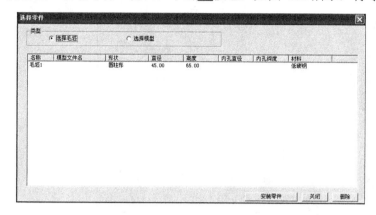

图 4.12　"选择零件"对话框

图 4.13　调整毛坯
长度为最长

03 单击"退出"按钮退出。

第 5 步　选择加工刀具

01 打开"刀具选择"对话框。选择菜单栏中"机床→选择刀具"命令，或单击工具条上 按钮，系统弹出"刀具选择"对话框，如图 4.14 所示。

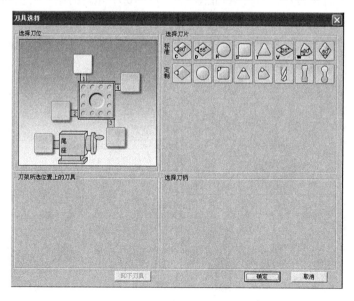

图 4.14　"刀具选择"对话框

02 安装 1 号外圆粗车刀。选择刀位，在刀架图中单击 1 号刀位。选择刀片形状为标准 80°菱形粗车刀片，刃长 9mm，刀尖半径 0.4mm。选择外圆左向横柄，主偏角为 95°，如图 4.15 所示。

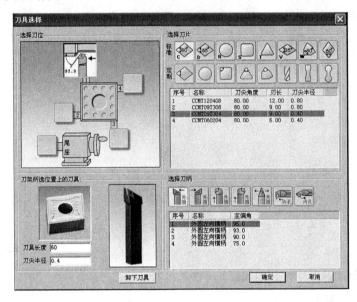

图 4.15 安装 1 号外圆粗车刀

03 安装 2 号外圆精车刀。选择刀位，在刀架图中单击 2 号刀位。选择刀片形状为标准 35°菱形精车刀片，刃长 16mm，刀尖半径 0.2mm。选择外圆左向横柄，主偏角为 95°，如图 4.16 所示。

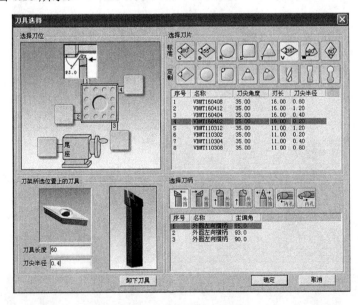

图 4.16 安装 2 号外圆精车刀

04 安装 3 号外圆切槽刀。选择刀位，在刀架图中单击 3 号刀位。选择刀片形状为切槽刀片，刃宽 4mm，刀尖半径 0。选择外圆切槽柄，如图 4.17 所示。

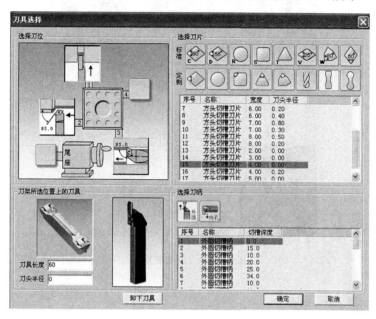

图 4.17　安装 3 号外圆切槽刀

05 安装 4 号外螺纹车刀。选择刀位，在刀架图中单击 4 号刀位。选择刀片形状为 60°螺纹刀片，刃长 11mm，刀尖半径为 0。选择外圆螺纹柄，如图 4.18 所示。

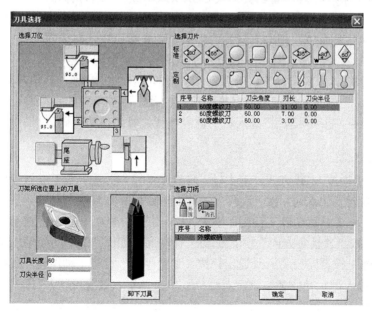

图 4.18　安装 4 号外螺纹车刀

06 单击"确定"按钮，安装刀具的操作完成。刀具安装结果如图 4.19 所示。

图 4.19 刀具安装结果

第6步 输入加工程序

按机床操作面板的"编辑"键将机床操作模式调整到编辑方式，然后在系统操作面板上按▣键，进入编辑页面，选定了一个数控程序后，此程序显示在 CRT 界面上，可对数控程序进行编辑操作。

1）移动光标。按▣或▣翻页，按 CURSOR↓ 或↑移动光标。

2）插入字符。先将光标移到所需位置，单击 MDI 键盘上的数字/字母键，将代码输入到输入域中，按▣键，把输入域的内容插入到光标所在代码后面。

3）删除输入区中的数据。按▣键用于删除输入区中的数据。

4）删除字符。先将光标移到所需删除字符的位置，按▣键，删除光标所在的代码。

5）替换。先将光标移到所需替换字符的位置，将替换成的字符通过系统操作键盘输入到输入区中，按▣键，把输入域的内容替代光标所在的代码。

第7步 对刀

01 用手动或 MDI 方式转动主轴，将机床操作方式选择为手动，按住◀键，将机床向负方向靠近工件移动，按"快移"键使机床以叠加速度快速移动，当刀具靠近工件时取消快移，将刀具移动到工件端面左侧 1mm 处，如图 4.20 所示，把手动倍率调整到"X10 25%"，按"X 轴负方向"键▲试切工件端面，如图 4.21 所示，切完端面后按"X 轴正方向"键▼按原路径将刀具退出，按"主轴停止"键将主轴停转。在机床系统面板中按▣键，进入形状补偿参数设定对话框，单击菜单软键【形状】，将刀具补偿界面调整到形状补偿界面，把光标移动到与刀具相对应的位置，输入"Z0"，单击菜单软键【测量】，对应的刀具偏置量自动输入，Z 轴方向对刀完成，如图 4.22 所示。

图 4.20　将刀具移动到工件端面

图 4.21　刀具沿 X 轴试切完成

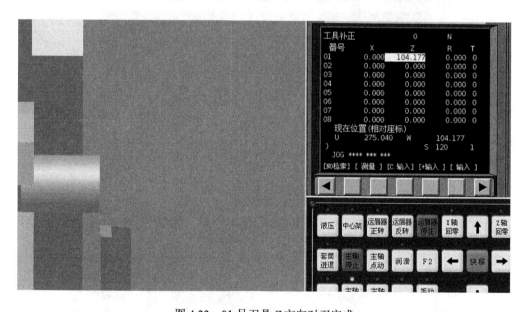

图 4.22　01 号刀具 Z 方向对刀完成

02 按"主轴正转"键，主轴正转，将刀具移动靠近工件，把手动倍率调整到"X10 25%"，按"Z 轴负方向"键 ← 试切工件外圆，切削 15mm 左右，按"Z 轴正方向"键 → 按原路径将刀具退出，按"主轴停止"键将主轴停转。选择菜单栏"测量→剖面图测量"命令系统弹出对话框，如图 4.23 所示，单击"否"按钮，出现车床工件测量窗口，如图 4.24 所示，选择试切过的外圆表面，读试切的 X 值 38.834mm。在机床系统面板中按 OFFSET SETTING 键，进入形状补偿参数设定对话框，单击菜单软键【形状】，将刀具补偿界面调整到形状补偿界面，把光标移动到与刀具相对应的位置，输入"X38.834"，单击菜单软键【测量】，对应的刀具偏置量自动输入，X轴方向对刀完成，如图 4.25 所示。

图 4.23　选择测量时是否保留半径小于 1 的圆弧

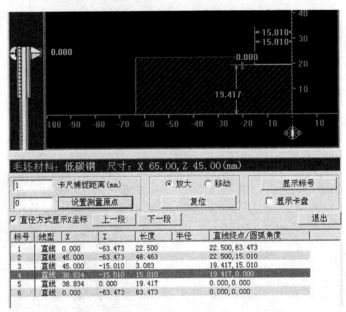

图 4.24　车床工件测量

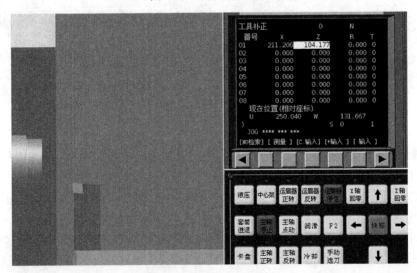

图 4.25　01 号车刀对刀完成

03 在手动方式下，按"手动选刀"键，将2号精车刀切换至当前刀具。

04 将1号刀相对应的 R 值设定为刀具的刀尖圆弧半径0.4mm，刀尖位置号设定为3，如图4.26所示。

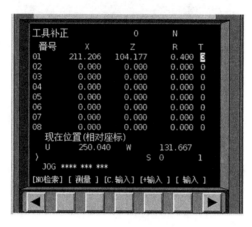

图4.26　设置刀尖圆弧半径、刀尖位置

05 在手动方式下，按"手动选刀"键，将2号精车刀切换至当前刀具。按照1号刀对刀方法，对2、3、4号刀进行对刀及设置。

第8步　自动加工工件

01 按机床操作面板上的"自动"键 ，此时机床进入自动加工模式。

02 按操作面板的"循环启动"键 ，程序自动运行。加工过程如图4.27和图4.28所示。

零件粗精加工结束后如图4.29所示。

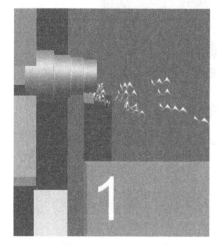

图4.27　零件加工过程（一）

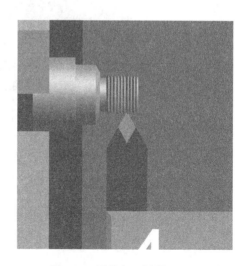

图4.28　零件加工过程（二）

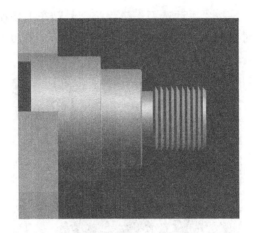

图 4.29 零件加工完成展示

第 9 步 检测

选择菜单栏"测量→剖面图测量"命令，系统弹出对话框，单击"否"按钮，打开"车床工件测量"窗口，如图 4.30 所示，分别对相应的尺寸进行检测。

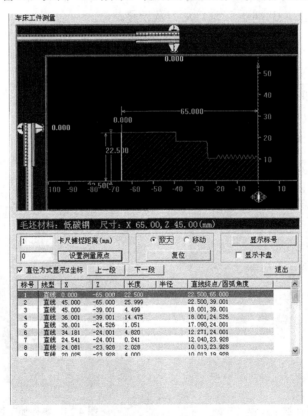

图 4.30 零件尺寸检查

第 10 步　考核评价

操作完毕后，结合表 4.2 对本次任务实施过程及任务结果进行客观的评价，包括学生自评、小组互评和教师总体评价。评分完成后，学生可填写学习体会，包括本次任务的完成情况、完成效果、收获体会和改进措施等。

表 4.2　考核评价

序号	项　目	技术要求	配分	评分标准	检测记录	得分
1	软件操作	进入仿真软件	2	每错一次扣 2 分		
2	机床选择	正确选择机床	3	每错一次扣 3 分		
3	机床操作	开机、回零	4	每错一次扣 3 分		
4		装刀、装毛坯	6	每错一次扣 3 分		
5	试切对刀	对刀并输入刀补值	30	每错一处扣 5 分		
6	程序输入	正确输入程序	15	每错一处扣 5 分		
7	自动运行	按程序要求自动加工	10	每错一处扣 5 分		
8	自动单段运行	进行单段运行，体会程序	10	另选一种得 10 分		
9	再次自动运行	另选刀具对刀后自动加工	10	每错一处扣 5 分		
10	文明操作	爱护计算机设备	10	一次意外扣 2 分		

综合得分：　　　　　　　　　　　　　　　　　　　教师签字：

学习体会：

任务描述

在仿真软件上编写加工程序并仿真加工典型的轴类零件,见图 5.1。材料为 45 钢,毛坯尺寸为 ϕ 50mm × 103mm。

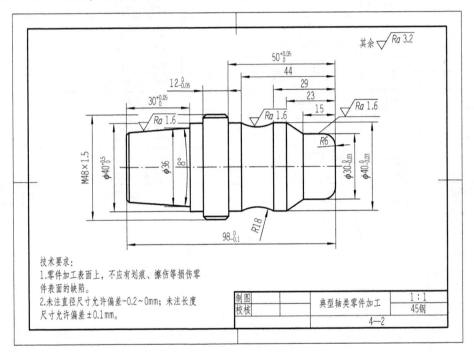

图 5.1　加工零件图样

知识目标

1. 掌握 G71、G72、G73 和 G70 指令的格式及应用。
2. 掌握外圆、端面的加工方法和工艺要求。

能力目标

1. 能使用 G71、G72、G73 和 G70 指令编辑加工程序。
2. 能合理选择粗、精加工外轮廓参数。
3. 能根据图样要求对仿真软件进行安装工件和刀具的操作模拟出合格零件。

5.1 相关知识：复合循环指令的使用、零件加工的工艺

1. G71 内、外径粗车循环指令

（1）指令定义

当给出如图 5.2 所示加工形状的路线 $A→A'→B$ 的程序段及切削参数，粗车循环指令 G71 就会由起点 A 自动计算出 B' 点。刀具从 B' 点开始径向进刀一个 Δd 后，进行平行于 Z 轴的工进车削和 45° 退刀 e，Z 向快速返回，X 向快速进刀 $\Delta d+e$，由此下降第二个 Δd，如此多次循环分层车削，最后再按留有精加工余量 Δu 和 Δw 之后的加工形状（ns→nf 程序段 $A'→B$）进行轮廓光整加工，加工完毕后快速退到 A 点，完成粗车循环。

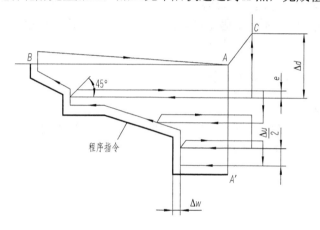

图 5.2 粗车循环指令走刀路线

（2）指令格式

```
G00 X_ Z_ ;
G71 UΔd_ Re;
G71 Pns Qnf UΔu WΔw Ff;
```

1）X、Z 为粗车循环起点位置，即图 5.2 中的 A 点。在圆柱毛坯粗车外径时，X 值应比毛坯直径稍大 1～2mm，Z 值应离毛坯右端面 2～3mm；在圆筒毛坯料粗镗内孔时，X 值应比毛坯直径稍小 1～2mm，Z 值应离毛坯右端面 2～3mm。

2）Δd 为循环切削过程中径向的背吃刀量，半径值，单位为 mm。

3）e 为循环切削过程中径向的退刀量，半径值，单位为 mm。

4）ns 为精加工形状程序段中的开始程序段号。nf 为精加工形状程序段中的结束程序段号。

5）Δu 为 X 轴方向的精加工余量，直径值，单位为 mm。在圆筒毛坯料粗镗内孔时，应指定为负值。车外圆时为正。

6）Δw 为 Z 轴方向的精加工余量，单位为 mm。

7）f 为粗加工循环中的进给速度。

（3）指令应用

1）在使用 G71 进行粗加工循环时，只有含在 G71 程序段中和 G71 指令前就近的 F、S、T 功能才有效，而包含在 ns→nf 精加工形状程序段中的 F、S、T 功能，对粗车无效，只在精车时有效。

2）在 A→A′ 顺序号 ns 的程序段中只能含有 G00 或 G01 指令，而且必须指定，也不能含有 Z 轴指令。

3）A′→B 必须符合 X 轴、Z 轴方向的单调增大或减少的模式，即 Z 轴、X 轴共同单调增大或单调减小。

4）在加工循环中可以进行刀具补偿。

5）ns→nf 程序段内不得有固定循环、参考点返回、螺纹车削循环、调用子程序、调用宏程序，但可以进行刀尖半径补偿。

2. G72 端面粗车固定循环指令

（1）指令定义

G72 进行平行于 X 轴的多次分层车削，通过与 X 轴平行的运动来实现内外圆端面粗加工，轴向尺寸较小的零件粗车加工。

（2）指令格式

```
G00 X_ Z_ ;
G72 WΔd  Re;
G72 Pns_ Qnf_ UΔu_ WΔw_ Ff_ ;
```

1）X、Z 为粗车循环起点位置。

2）Δd 为 Z 向分层粗车的背吃刀量，无正负号。

3）e 为 Z 向退刀量，无正负号。

4）ns 为精加工形状程序段中的开始程序段号。nf 为精加工形状程序段中的结束程序段号。

5）Δu 为 X 轴方向的精加工余量，直径值，单位为 mm。

6）Δw 为 Z 轴方向的精加工余量，单位为 mm。

7）f 为粗加工循环中的进给速度。

（3）指令应用

1）在使用 G72 进行粗加工循环时，只有含在 G72 程序段中的 F、S、T 功能才有效，而包含在 ns→nf 精加工形状程序段中的 F、S、T 功能，对粗车循环无效。

2）在 A→A′ 顺序号 ns 的程序段中只能含有 G00 或 G01 指令，而且必须指定，且不能含有 X 轴指令。

3）A′→B 必须符合 X 轴、Z 轴方向的单调增大或减少的模式，即一直增大或一直较小。

4）在加工循环中可以进行刀具补偿。

3. G73 封闭切削循环指令

（1）指令定义

G73 就是按照一定的切削形状逐渐地接近最终形状，常用于铸造、锻造毛坯或已成形的工件（半成品）的车削加工。对于不具备类似成形条件的工件如采用 G73 进行编程加工，反而会增加车削过程中的空行程。

G73 动作如图 5.3 所示，系统由程序给定的循环起点 A 自动计算到点 B，刀具分层粗车，留精加工余量Δu、Δw，Δu、Δw 由后续指令 G70 从 $A \rightarrow A' \rightarrow B \rightarrow A$ 精车完成，如果 Δu 和 Δw 为零，则直接由 G73 完成车削加工。G73 不要求工件轮廓单向增加或减小，轮廓方向由编程的 ns、nf 决定。

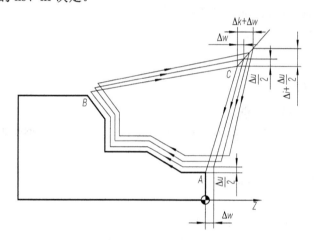

图 5.3   封闭切削循环走刀路线

（2）指令格式

```
G00 X_ Z_ ;
G73 UΔI  WΔk  Rd ;
G73 Pns  Qnf  UΔu  WΔw  Ff_ ;
```

1）X、Z 为粗车循环起点位置。

2）ΔI 为 X 轴方向总退刀量及方向，半径值，有正负之分，向 $+X$ 向退刀时为正，向 $-X$ 向退刀时为负。

3）Δk 为 Z 轴方向总退刀量及方向。有正负之分，向 $+Z$ 向退刀时为正，向 $-Z$ 轴向退刀时为负。

4）d 为粗车次数。粗车次数$= \dfrac{\text{毛坯直径}-\text{工件最小直径}}{\text{背吃刀量}}$（为正整数，且只能大不能小）。

5）ns 为精加工形状程序段中的开始程序段号。nf 为精加工形状程序段中的结束程序段号。

6）Δu 为 X 轴方向的精加工余量，直径值，单位为 mm。在圆筒毛坯料粗镗内孔时，应指定为负值。车外圆时为正。

7）Δw 为 Z 轴方向的精加工余量，单位为 mm。

8）f 为粗加工循环中的进给速度。

4. G70 精车循环指令

（1）指令定义

G70 指令用于切除 G71 或 G73 指令粗加工后留下的加工余量，精车内外圆时的加工余量采用经验估算法一般取 0.3～0.5mm。执行 G70 循环时，刀具沿工件的实际轨迹进行切削，循环结束后刀具返回循环起点。

（2）指令格式

```
G00 X_ Z_;
G70 Pns Qnf Ff;
```

1）X、Z 为粗车循环起点位置。

2）ns 为精加工形状程序段中的开始程序段号。nf 为精加工形状程序段中的结束程序段号。

3）f 为粗加工循环中的进给速度。

（3）指令应用

精车之前，如需换精加工刀具，则应注意换刀点的选择。选择水平床身前置刀架的换刀点时，通常应选择在换刀过程中，刀具不与工件、夹具、顶尖干涉的位置上。

5. 零件的加工工艺

（1）确定零件装夹方式

装夹方式采用自定心卡盘夹持零件左端端，加工右端；掉头装夹右端φ30mm 外圆，加工剩余部分。

（2）确定加工顺序及进给路线

1）从右至左粗、精加工右端φ30mm、φ40mm 外圆及螺纹右侧倒角。

2）调头装夹，从右至左粗、精加工左端外锥面、φ40mm 外圆柱面车外螺纹，达到图样要求。

（3）刀具选择

根据加工要求，选用 2 把刀具，01 号刀为外圆粗车车刀；02 号刀为外圆精车车刀；03 号刀为刀尖角 60°的外螺纹车刀。

（4）确定切削用量

根据被加工零件表面质量要求、刀具材料和工件材料，参考切削用量手册或有关资料选取切削速度和每转进给量，粗车外圆选用 S500、F0.2，精车外圆选用 S800、F0.1，切外螺纹时选用 S500、F1.5。

（5）编制数控加工程序

套用 FANUC 0i 数控系统的编程格式，设定编程坐标系原点在零件右端面和轴心线交点，编写加工程序。

1）零件右端粗、精加工程序：

```
O0001;
G99M03S500T0101;
G00X100.Z100.;
G00X52.Z2.;
G73U16.W0.R8.;
G73P10Q20U0.6W0.1F0.2;
N10G42X18.Z2.;
G01Z0.F0.1;
G03X30.Z-6.R6.F0.1;
G01Z-15.;
X40.Z-23.;
Z-29.;
G02X40.Z-44.R18.F0.1;
G01Z-50.;
X44.;
N20X50.W-3.;
G00X100.Z100.;
M03S800T0202;
G00X52.Z2.;
G70P10Q20;
G0X100.Z100.;
M30;
```

2）零件左端粗、精加工程序：

```
O0002;
G99M03S500T0101;
G42G00X100.Z100.;
G00X52.Z2.;
G71U2.R1.;
```

```
G71P10Q20U0.5W0.1F0.2;
N10G00X31.8;
G01Z0.F0.1;
X31.95Z-1.;
X36.Z-30.;
X40.;
Z-36.;
X44.;
X49.W-2.5;
N20X50.;
G00X100.Z100.;
M03S800T0202;
G00X52.Z2.;
G70P10Q20;
G0X100.Z100.;
M30;
```

3）螺纹加工程序：

```
O0003;
G99M03S600T0303;
G00X100.Z100.;
G00X50.Z-33.;
G92X47.2Z-49.F1.5;
X46.6;
X46.2;
X46.04;
G00X100.Z100.;
M30;
```

5.2 实践操作：车削典型的轴类零件

第1步 选择机床及系统

进入数控仿真系统，选择菜单栏"机床→选择机床"命令，如图5.4（a）所示，在弹出的"选择机床"对话框中选择控制系统为FANUC，机床类型为"车床"，选择"沈阳机床厂 CAK6136V"数控车床，如图5.4（b）所示。然后，单击"数控加工仿真系统"菜单栏下侧工具条上的按钮，将机床视图调整为俯视图。

（a）

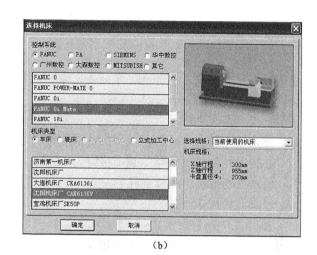
（b）

图 5.4　选择机床及系统

第 2 步　激活机床（开机）

01 按系统启动键 ▆，打开系统电源。

02 检查急停按钮是否松开至 ◉ 状态，若未松开，按急停键 ◉ 将其松开。

第 3 步　车床回参考点（回零操作）

01 检查操作面板上 X 轴回零指示灯，Z 轴回零指示灯是否亮。若指示灯亮，则机床已回参考点；若指示灯不亮，则按"回零"键 ▣零，转入回参考点模式。

02 在回参考点模式下，先将 X 轴回零，按操作面板上的"X 轴正方向"键 ↓，此时 X 轴将回原点，X 轴回参考点指示灯变亮，CRT 上的 X 坐标变为"600.000"。

同样，再按"Z 轴正方向"键 →，Z 轴将回原点，Z 轴回原点指示灯变亮。此时 CRT 界面如图 5.5 所示。

图 5.5　显示 X、Z 轴的绝对坐标

第 4 步　定义及装夹毛坯

（1）定义毛坯数据

01 选择菜单栏"零件→定义毛坯"命令，或单击工具条上的 按钮，弹出"定义毛坯"对话框，如图 5.6（a）所示。

02 在"定义毛坯"对话框中，可以对"名字"、"材料"、"形状"等进行设置。

① 设置毛坯名字：在毛坯名字文本框内输入毛坯名，也可使用默认值。

② 选择毛坯材料：选择低碳钢材料。

③ 选择毛坯形状：选择圆柱形毛坯。

④ 设置毛坯尺寸。在毛坯尺寸文本框中输入尺寸，长度"103"，直径"50"，单位是 mm，如图 5.6（b）所示。

03 单击"确定"按钮，保存定义的毛坯并且退出本操作。

　　　　　（a）　　　　　　　　　　　　　　　　（b）

图 5.6　"定义毛坯"对话框

（2）装夹零件毛坯

01 选择菜单栏"零件→放置零件"命令，或单击工具条上的 按钮，系统弹出如图 5.7 所示的"选择零件"对话框。

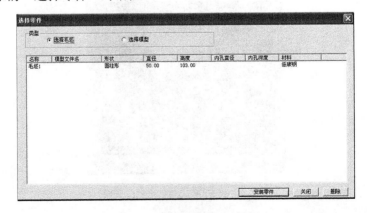

图 5.7　"选择零件"对话框

02) 选择要安装的毛坯 1，然后单击"安装零件"按钮，系统自动关闭对话窗口，并弹出"移动零件"窗口，单击 ⊞ 按钮，如图 5.8 所示，将零件毛坯调整到伸出最长。

图 5.8　调整毛坯长度为最长

03) 单击"退出"按钮退出。

第 5 步　选择加工刀具

01) 打开"刀具选择"对话框。选择菜单栏"机床→选择刀具"命令，或在工具条上单击 ▥ 按钮，系统弹出"刀具选择"对话框，如图 5.9 所示。

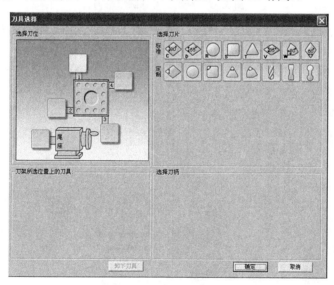

图 5.9　"刀具选择"对话框

02) 安装 1 号外圆粗车刀。选择刀位，在刀架图中单击 1 号刀位。选择刀片形状为标准 80° 菱形粗车刀片，刃长 9mm，刀尖半径 0.4mm。选择外圆左向横柄，主偏角为 95°，如图 5.10 所示。

03) 安装 2 号外圆精车刀。选择刀位，在刀架图中单击 2 号刀位。选择刀片形状为标准 35° 菱形精车刀片，刃长 16mm，刀尖半径 0.2mm。选择外圆左向横柄，主偏角为 95°，如图 5.11 所示。

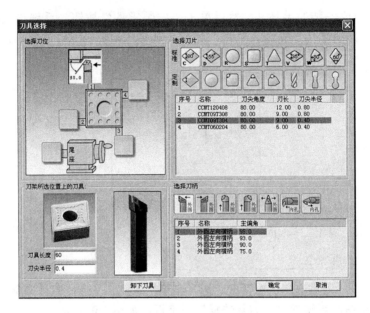

图 5.10　安装 1 号外圆粗车刀

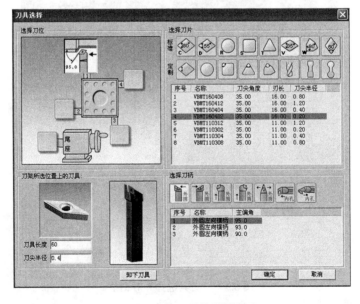

图 5.11　安装 2 号外圆精车刀

04 安装 3 号外螺纹车刀。选择刀位，在刀架图中单击 3 号刀位。选择刀片形状为标准 60° 菱形精车刀片，刃长 7mm，刀尖半径 0。选择外圆螺纹柄，如图 5.12 所示。

05 单击"确定"按钮，安装刀具的操作完成。安装刀具结果如图 5.13 所示。

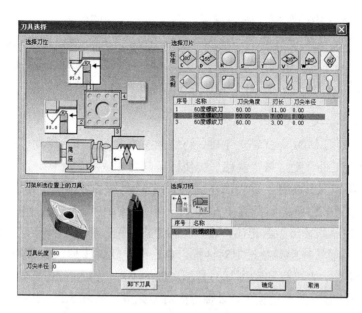

图 5.12　安装 3 号外螺纹车刀

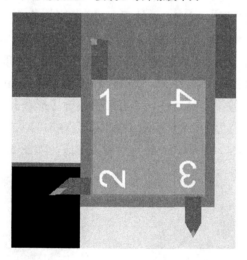

图 5.13　刀具安装结果

第 6 步　输入加工程序

按机床操作面板的"编辑"键将机床操作模式调整到编辑方式，然后在系统操作面板上按 PROG 键，进入编辑页面，选定了一个数控程序后，此程序显示在 CRT 界面上，可对数控程序进行编辑操作。

1）移动光标。按 PAGE 或 PAGE 键翻页，按 ↓ 或 ↑ 键移动光标。

2）插入字符。先将光标移到所需位置，按 MDI 键盘上的数字/字母键，将代码输入到输入域中，按 INSERT 键，把输入域的内容插入到光标所在代码后面。

3）删除输入区中的数据。按 [CAN] 键用于删除输入区中的数据。

4）删除字符。先将光标移到所需删除字符的位置，按 [DELETE] 键，删除光标所在的代码。

5）替换。先将光标移到所需替换字符的位置，将替换成的字符通过系统操作键盘输入到输入区中，按 [ALTER] 键，把输入域的内容替代光标所在的代码。

第 7 步　对刀

01 用手动或 MDI 方式转动主轴，将机床操作方式选择为手动，按住 [←] 键，将机床向负方向靠近工件移动，按"快移"键使机床以叠加速度快速移动，当刀具靠近工件时取消快移，将刀具移动到工件端面左侧 1mm 处，如图 5.14 所示，把手动倍率调整到"X10 25%"，按"*X* 轴负方向"键 [↑] 试切工件端面，如图 5.15 所示，切完端面后按"*X* 正方向"键 [↓] 按原路径将刀具退出，按"主轴停止"键，将主轴停转。在机床系统面板中按 [OFFSET SETTING] 键，进入形状补偿参数设定对话框，单击菜单软键【形状】，将刀具补偿界面调整到形状补偿界面，把光标移动到与刀具相对应的位置，输入"Z0"，单击菜单软键【测量】，对应的刀具偏置量自动输入，*Z* 轴方向对刀完成，如图 5.16 所示。

02 按"主轴正转"键，主轴正转，将刀具移动靠近工件，把手动倍率调整到"X10 25%"，按"*Z* 轴负方向"键 [←] 试切工件外圆，切削 15mm 左右，按"*Z* 正方向"键 [→] 按原路径将刀具退出，按"主轴停止"键，将主轴停转。选择菜单栏"测量→剖面图测量"命令，系统弹出对话框，如图 5.17 所示，单击"否"按钮，出现车床工件测量窗口，如图 5.18 所示，选择试切过的外圆表面，读试切的 *X* 值 47.594mm。在机床系统面板中按 [OFFSET SETTING] 键，进入形状补偿参数设定对话框，单击菜单软键【形状】，将刀具补偿界面调整到形状补偿界面，把光标移动到与刀具相对应的位置，输入"X47.594"，单击菜单软键【测量】，对应的刀具偏置量自动输入，*X* 轴方向对刀完成，如图 5.19 所示。

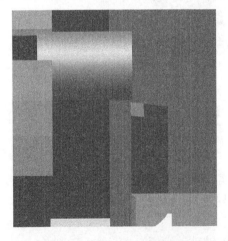

图 5.14　将刀具移动到工件端面

图 5.15　刀具沿 *X* 轴试切完成

图 5.16　01 号刀具 Z 方向对刀完成

图 5.17　选择测量时是否保留半径小于 1 的圆弧

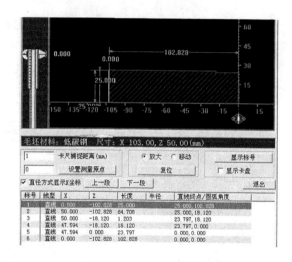

图 5.18　车床工件测量

03 将 1 号刀相对应的 R 值设定为刀具的刀尖圆弧半径 0.4mm,刀尖位置号设定为 3。如图 5.20 所示。

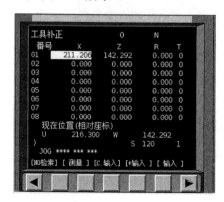

图 5.19　01 号车刀对刀完成

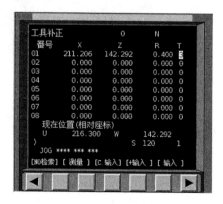

图 5.20　设置刀尖圆弧半径及刀尖位置

04 在手动方式下，按"手动选刀"键，将 2 号精车刀切换至当前刀具。按照 1 号刀对刀方法，对 2 号刀、3 号刀进行对刀及设置。

第 8 步 自动加工工件

按机床操作面板上的"自动"键 自动，此时机床进入自动加工模式。

按操作面板的"循环启动"键 ⊙环启动，程序自动运行。零件加工过程如图 5.21 和图 5.22 所示。

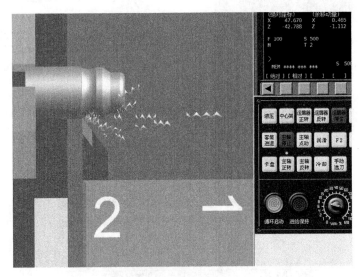

图 5.21 零件加工过程（一）

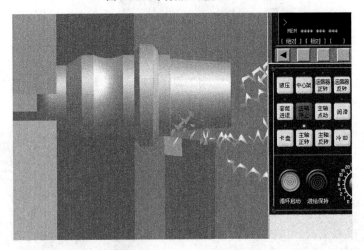

图 5.22 零件加工过程（二）

零件粗精加工结束后如图 5.23 所示。

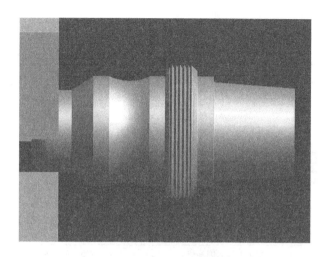

图 5.23 零件加工完成展示

第 9 步 检测

选择菜单栏"测量→剖面图测量"命令，系统弹出对话框，单击"否"按钮，打开车床工件测量窗口，如图 5.24 所示，分别对相应的尺寸进行检测。

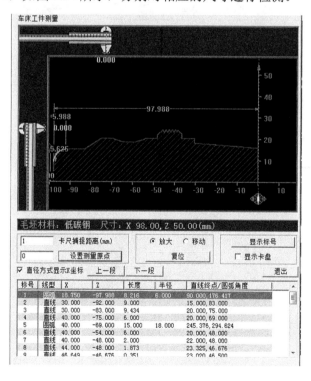

图 5.24 零件尺寸检查

第 10 步　考核评价

操作完毕后,结合表 5.1 对本次任务实施过程及任务结果进行客观的评价,包括学生自评、小组互评和教师总体评价。评分完成后,学生可填写学习体会,包括本次任务的完成情况、完成效果、收获体会和改进措施等。

表 5.1　考核评价

序号	项　目	技 术 要 求	配分	评 分 标 准	检测记录	得分
1	软件操作	进入仿真软件	2	每错一次扣 2 分		
2	机床选择	正确选择机床	3	每错一次扣 3 分		
3	机床操作	开机、回零	4	每错一次扣 3 分		
4		装刀、装毛坯	6	每错一次扣 3 分		
5	试切对刀	对刀并输入刀补值	30	每错一处扣 5 分		
6	程序输入	正确输入程序	15	每错一处扣 5 分		
7	自动运行	按程序要求自动加工	10	每错一处扣 5 分		
8	自动单段运行	进行单段运行,体会程序	10	另选一种得 10 分		
9	再次自动运行	另选刀具对刀后自动加工	10	每错一处扣 5 分		
10	文明操作	爱护计算机设备	10	一次意外扣 2 分		

综合得分:　　　　　　　　　　　　　　　　　　　　　　教师签字:

学习体会:

任务 *6* 套类零件的仿真加工

任务描述

在仿真软件上编写加工程序并仿真加工简单的轴套类零件，见图 6.1。材料为 45 钢，毛坯尺寸为 $\phi 65mm \times 45mm$。

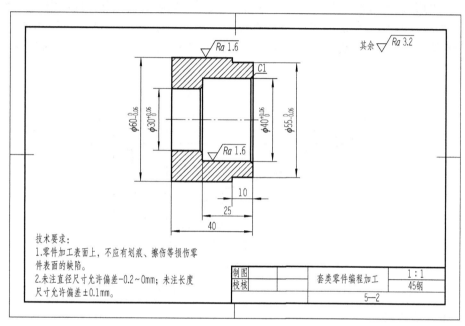

图 6.1　加工零件图样

知识目标

1. 掌握 G71、G70 在内轮廓加工中的应用。
2. 掌握内孔类零件的加工路线和方法。

能力目标

1. 能完成内孔的编程与加工。
2. 能根据图纸要求对仿真软件进行安装工件和刀具的操作模拟出合格零件。
3. 能准确测量内孔的精度。

6.1 相关知识：G71 指令的使用、零件加工的工艺

1. G71 内、外径粗车循环指令

（1）指令定义

当给出如图 6.2 所示加工形状的路线 $A \rightarrow A' \rightarrow B$ 的程序段及切削参数，粗车循环指令 G71 就会由起点 A 自动计算出 B' 点。刀具从 B' 点开始径向进刀一个 Δd 后，进行平行于 Z 轴的工进车削和 45° 退刀 e、Z 向快速返回、X 向快速进刀 $\Delta d+e$，由此下降第二个 Δd，如此多次循环分层车削，最后再按留有精加工余量 Δu 和 Δw 之后的加工形状（ns→nf 程序段 $A' \rightarrow B$）进行轮廓光整加工，加工完毕后快速退到 A 点，完成粗车循环。

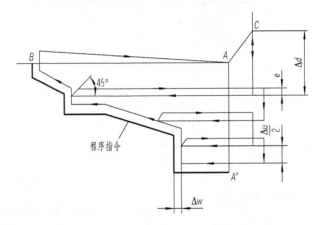

图 6.2 粗车循环指令走刀路线

（2）指令格式

```
G00 X(u)_ Z(w)_;
G71 U△d Re;
G71 Pns Qnf U△u W△w Ff;
```

1）X、Z 为粗车循环起点位置，即图上 A 点。在圆柱毛坯粗车外径时，X 值应比毛坯直径稍大 1~2mm，Z 值应离毛坯右端面 2~3mm；在圆筒毛坯料粗镗内孔时，X 值应比毛坯直径稍小 1~2mm，Z 值应离毛坯右端面 2~3mm。

2）Δd 为循环切削过程中径向的背吃刀量，半径值，单位为 mm。

3）e 为循环切削过程中径向的退刀量，半径值，单位为 mm。

4）ns 为精加工形状程序段中的开始程序段号。nf 为精加工形状程序段中的结束程序段号。

5）Δu 为 X 轴方向的精加工余量，直径值，单位为 mm。在圆筒毛坯料粗镗内孔时，应指定为负值。车外圆时为正。

6）Δw 为 Z 轴方向的精加工余量，单位为 mm。

7）f 为粗加工循环中的进给速度。

（3）指令应用

1）在使用 G71 进行粗加工循环时，只有含在 G71 程序段中和 G71 指令前就近的 F、S、T 功能才有效，而包含在 ns→nf 精加工形状程序段中的 F、S、T 功能，对粗车无效，只在精车时有效。

2）在 A→A′ 顺序号 ns 的程序段中只能含有 G00 或 G01 指令，而且必须指定，也不能含有 Z 轴指令。

3）A′→B 必须符合 X 轴、Z 轴方向的单调增大或减少的模式，即 Z 轴、X 轴共同单调增大或单调减小。

4）在加工循环中可以进行刀具补偿。

5）ns→nf 程序段内不得有固定循环、参考点返回、螺纹车削循环、调用子程序、调用宏程序，但可以进行刀尖半径补偿。

2. 零件的加工工艺

（1）确定零件装夹方式

装夹方式采用自定心卡盘夹持零件右端，加工外圆；掉头装夹 $\phi 60$mm 外圆，加工右端内孔及外圆。

（2）确定加工顺序及进给路线

1）从右至左粗、精加工右端 $\phi 60$mm 外圆。

2）调头装夹，从右至左粗、精加工零件内孔及外圆，达到图纸要求。

（3）刀具选择

根据加工要求，选用 3 把刀具，01 号刀为外圆粗车车刀，02 号刀为外圆精车车刀，03 号刀为内孔车刀。

（4）确定切削用量

根据被加工零件表面质量要求、刀具材料和工件材料，参考切削用量手册或有关资料选取切削速度和每转进给量，粗车外圆选用 S500、F0.2，精车外圆选用 S800、F0.1，粗车内孔选用 S450、F0.2，精车内孔选用 S700、F0.1。

（5）编制数控加工程序

套用 FANUC 0i 数控系统的编程格式，设定编程坐标系原点在零件右端面和轴心线交点，编写加工程序。

1）零件左端粗、精加工程序：

```
O00001;
G99M03S500T0101;
G00X100.Z100.;
G00X67.Z2.;
G71U2.R1.;
G71P10Q20U0.5W0.1F0.2;
```

```
N10G00X60.;
G01Z0.F0.1;
G01Z-31.;
N20X66.;
G00X100.Z100.;
M03S800T0202;
G00X67.Z2.;
G70P10Q20;
G0X100.Z100.;
M30;
```

2）零件右端粗、精加工程序：

```
O0002;
G99M03S500T0101;
G42G00X100.Z100.;
G00X67.Z2.;
G71U2.R1.;
G71P10Q20U0.5W0.1F0.2;
N10G00X50.;
G01Z0.F0.1;
Z-10.;
N20X61.;
G00X100.Z100.;
M03S800T0202;
G00X67.Z2.;
G70P10Q20;
G0X100.Z100.;
M30;
```

3）内孔粗、精加工程序：

```
O0003;
G99M03S450T0303;
G00X100.Z100.;
G00X26.Z2.;
G71U2.R1.;
G71P10Q20U-0.5W0.1F0.2;
N10G00X42.;
G01Z0.F0.1;
```

```
X40.Z-1.;
Z-25.;
X32.;
X30.Z-26.;
Z-41.;
N20X28.;
G70P10Q20S700;
G00Z100.;
M30;
```

6.2 实践操作：车削简单的套类零件

第1步 选择机床及系统

进入数控仿真系统，选择菜单栏"机床→选择机床"命令，如图 6.3（a）所示，在弹出的"选择机床"对话框中选择控制系统为 FANUC，机床类型为"车床"，选择"沈阳机床厂 CAK6136V"数控车床如图 6.3（b）所示。然后，单击"数控加工仿真系统"菜单栏下侧工具条上的回按钮，将机床视图调整为俯视图。

（a）

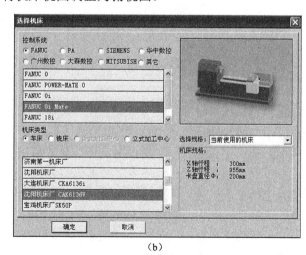

（b）

图 6.3 选择机床及系统

第2步 激活机床（开机）

01 按系统启动键■，打开系统电源。

02 检查急停键是否松开至◎状态，若未松开，按急停键◎将其松开。

第3步 回参考点

01 检查操作面板上 X 轴回零指示灯, Z 轴回零指示灯是否亮。若指示灯亮,则机床已回参考点;若指示灯不亮,则按"回零"键 回零,转入回参考点模式。

02 在回参考点模式下,先将 X 轴回零,按操作面板上的"X 轴正方向"键↓,此时 X 轴将回原点, X 轴回参考点指示灯变亮,CRT 上的 X 坐标变为"600.000"。

同样,再按"Z 轴正方向"键→, Z 轴将回原点, Z 轴回原点指示灯变亮。此时 CRT 界面如图 6.4 所示。

图 6.4 显示 X 轴、 Z 轴的绝对坐标

第4步 定义及装夹毛坯

(1)定义毛坯数据

01 选择菜单栏"零件→定义毛坯"命令,或单击工具条上的 按钮,弹出"定义毛坯"对话框,如图 6.5(a)所示。

02 在"定义毛坯"对话框中,可以对"名字"、"材料"、"形状"等进行设置。

① 设置毛坯名字:在毛坯名字文本框内输入毛坯名,也可使用默认值。

② 选择毛坯材料:选择低碳钢材料。

③ 选择毛坯形状:选择 U 形毛坯。

④ 设置毛坯尺寸:在毛坯尺寸文本框中输入尺寸,长度"45",直径"65",内孔直径"28",内孔深度"45",单位是 mm,如图 6.5(b)所示。

03 保存退出:单击"确定"按钮,保存定义的毛坯并且退出本操作。

(2)装夹零件毛坯

01 选择菜单栏"零件→放置零件"命令,或单击工具条上的 按钮,系统弹出如图 6.6 所示的对话框。

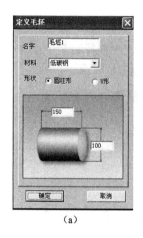
（a）

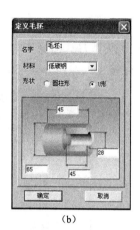
（b）

图 6.5　"定义毛坯"对话框

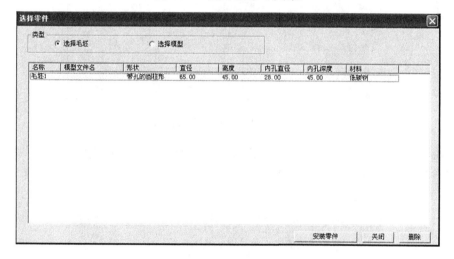

图 6.6　"选择零件"对话框

02 选择要安装的毛坯 1，然后单击"安装零件"按钮，系统自动关闭对话框，并弹出移动零件窗口，单击 按钮，如图 6.7 所示，将零件毛坯调整到伸出最长。

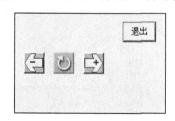

图 6.7　调整毛坯长度为最长

03 单击"退出"按钮退出。

第 5 步　选择加工刀具

01　打开"刀具选择"对话框。选择菜单栏"机床→选择刀具"命令，或在工具条上单击 🔧 按钮，系统弹出"刀具选择"对话框，如图 6.8 所示。

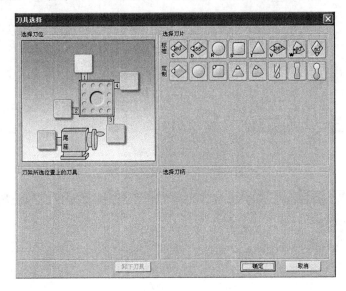

图 6.8　"刀具选择"对话框

02　安装 1 号外圆粗车刀。选择刀位，在刀架图中单击 1 号刀位。选择刀片形状为标准 80°菱形粗车刀片，刃长 9mm，刀尖半径 0.4mm。选择外圆左向横柄，主偏角为 95°，如图 6.9 所示。

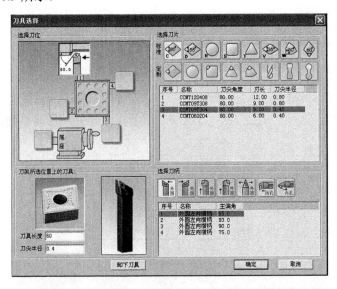

图 6.9　安装 1 号外圆粗车刀

03 安装 2 号外圆精车刀。选择刀位，在刀架图中单击 2 号刀位。选择刀片形状为标准 35°菱形精车刀片，刃长 16mm，刀尖半径 0.2mm。选择外圆左向横柄，主偏角为 95°，如图 6.10 所示。

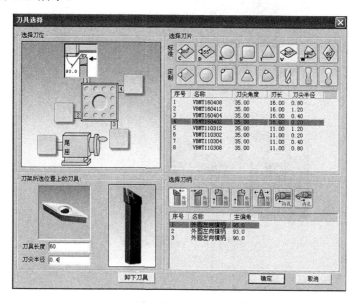

图 6.10　安装 2 号外圆精车刀

04 安装 3 号内孔车刀。选择刀位，在刀架图中单击 3 号刀位。选择刀片形状为标准 80°菱形刀片，刃长 9mm，刀尖半径 0.4mm，加工深度为 60mm，最小直径为 19mm 的内孔车刀，如图 6.11 所示。

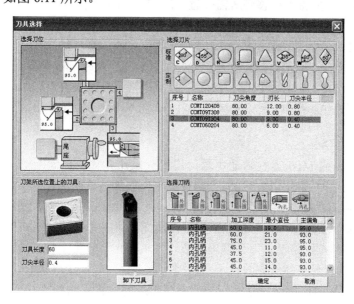

图 6.11　安装 3 号内孔车刀

05 单击"确定"按钮，安装刀具的操作完成。刀具安装结果如图 6.12 所示。

图 6.12　刀具安装结果

第 6 步　输入加工程序

按机床操作面板的"编辑"键将机床操作模式调整到编辑方式，然后在系统操作面板上按 PROG 键，进入编辑页面，选定了一个数控程序后，此程序显示在 CRT 界面上，可对数控程序进行编辑操作。

1）移动光标。按 PAGE↓ 或 PAGE↑ 翻页，按 ↓ 或 ↑ 移动光标。

2）插入字符。先将光标移到所需位置，按 MDI 键盘上的数字/字母键，将代码输入到输入域中，按 INSERT 键，把输入域的内容插入到光标所在代码后面。

3）删除输入区中的数据。按 CAN 键用于删除输入区中的数据。

4）删除字符。先将光标移到所需删除字符的位置，按 DELETE 键，删除光标所在的代码。

5）替换。先将光标移到所需替换字符的位置，将替换成的字符通过系统操作键盘输入到输入区中，按 ALTER 键，把输入域的内容替代光标所在的代码。

第 7 步　对刀

01 用手动或 MDI 方式转动主轴，将机床操作方式选择为手动，按住 ← 键将机床向负方向靠近工件移动，按"快移"键使机床以叠加速度快速移动，当刀具靠近工件时取消快移，将刀具移动到工件端面左侧 1mm 处，如图 6.13 所示，把手动倍率调整到"X10 25%"，按"X 轴负方向"键 ↑ 试切工件端面，切削完成后如图 6.14 所示，然后按"X 正方向"键 ↓ 按原路径将刀具退出，按"主轴停止"键将主轴停转。在机床系统面板中按 OFFSET SETTING 键，进入形状补偿参数设定对话框，单击菜单软键【形状】，将刀具补偿界面调整到形状补偿界面，把光标移动到与刀具相对应的位置，输入"Z0"，单击菜单软键【测量】，对应的刀具偏置量自动输入，Z 轴方向对刀完成，如图 6.15 所示。

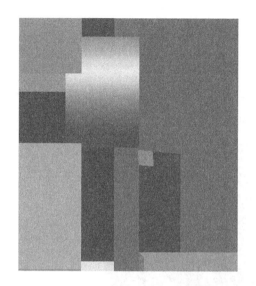

图 6.13　将刀具移动到工件端面

图 6.14　刀具沿 X 轴试切完成

图 6.15　01 号刀具 Z 方向对刀完成

02　按"主轴正转"键，主轴正转，将刀具移动靠近工件，把手动倍率调整到"X10 25%"，按"Z 轴负方向"键←试切工件外圆，切削 15mm 左右，按"Z 正方向"键→按原路径将刀具退出，按"主轴停止"键将主轴停转。选择菜单栏"测量→剖面图测量"命令，系统弹出对话框，如图 6.16 所示，单击"否"按钮，出现车床工件测量窗口，如图 6.17 所示，选择试切过的外圆表面，读试切的 X 值 63.834mm。在机床系统面板中按 键，进入形状补偿参数设定对话框，单击菜单软键【形状】，将刀具补偿界面调整到形状补偿界面，把光标移动到与刀具相对应的位置，输入"X63.834"，单击菜单软键【测量】，对应的刀具偏置量自动输入，X 轴方向对刀完成，如图 6.18 所示。

图 6.16 选择测量时是否保留半径小于 1 的圆弧

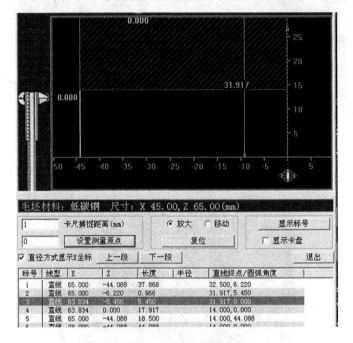

图 6.17 车床工件测量

03 将 1 号刀相对应的 *R* 值设定为刀具的刀尖圆弧半径 0.4mm，刀尖位置号设定为 3，如图 6.19 所示。

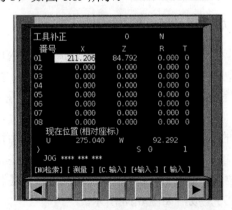

图 6.18 01 号车刀对刀完成

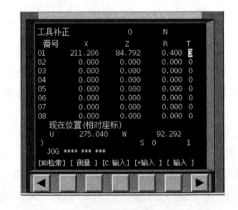

图 6.19 设置刀尖圆弧半径、刀尖位置

在手动方式下，按"手动选刀"键，将 2 号精车刀切换至当前刀具。按照 1 号刀对刀方法，对 2 号刀、3 号刀进行对刀及设置。内孔刀对刀时为了看清内孔切削情况，在加工区右击，在弹出的快捷菜单中选择"选项"，如图 6.13（a）所示，系统弹出如图 6.20 所示"视图选项"对话框，将"视图选项"零件显示方式设为"透明"选项。

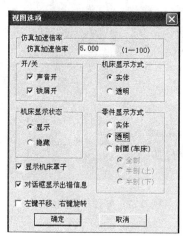

6.20 "视图选项"对话框

第 8 步 自动加工工件

按机床操作面板上的"自动"键，此时机床进入自动加工模式。

按操作面板的"循环启动"键，程序自动运行。加工过程如图 6.21 所示。

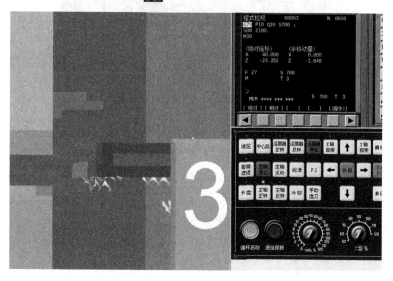

图 6.21 零件加工过程

零件粗精加工结束后如图 6.22 所示。

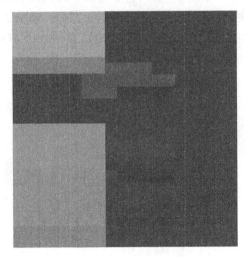

图 6.22　零件加工完成展示

第 9 步　检测

选择菜单栏"测量→剖面图测量"命令，在系统弹出对话框中单击"否"按钮，打开"车床工件测量"窗口，如图 6.23 所示，分别对相应的尺寸进行检测。

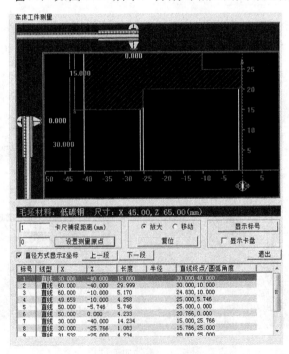

图 6.23　零件尺寸检查

第 10 步　考核评价

操作完毕后，结合表 6.1 对本次任务实施过程及任务结果进行客观的评价，包括学生自评、小组互评和教师总体评价。评分完成后，学生可填写学习体会，包括本次任务的完成情况、完成效果、收获体会和改进措施等。

表 6.1　考核评价

序号	项　　目	技 术 要 求	配分	评 分 标 准	检测记录	得分
1	软件操作	进入仿真软件	2	每错一次扣 2 分		
2	机床选择	正确选择机床	3	每错一次扣 3 分		
3	机床操作	开机、回零	4	每错一次扣 3 分		
4		装刀、装毛坯	6	每错一次扣 3 分		
5	试切对刀	对刀并输入刀补值	30	每错一处扣 5 分		
6	程序输入	正确输入程序	15	每错一处扣 5 分		
7	自动运行	按程序要求自动加工	10	每错一处扣 5 分		
8	自动单段运行	进行单段运行，体会程序	10	另选一种得 10 分		
9	再次自动运行	另选刀具对刀后自动加工	10	每错一处扣 5 分		
10	文明操作	爱护计算机设备	10	一次意外扣 2 分		

综合得分：　　　　　　　　　　　　　　　　　　　　　教师签字：

学习体会：

任务 7 数控铣床（加工中心）平面加工

任务描述

在仿真软件上编写加工程序并仿真加工简单的板类零件，见图 7.1。材料为 45 钢，毛坯尺寸为 100mm×100mm×33mm。刀具要求：APMT1604PDER 刀片，BT40 刀柄。

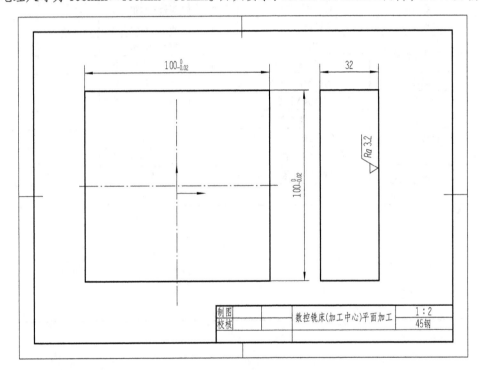

图 7.1　加工零件图样

知识目标

1. 学会分析图纸、填写工艺图表、编写零件程序。
2. 学习对刀、修改刀补和坐标系步骤。

能力目标

1. 掌握 FANUC 0i 数控铣床的仿真操作方法。
2. 能根据图纸要求对仿真软件进行安装工件和刀具的操作模拟出合格零件。
3. 能利用仿真软件检测、分析工件。

7.1　相关知识：G00 与 G01 指令的使用、零件加工的工艺

1. G00 快速定位指令

（1）指令定义

G00 指令是在工作坐标系中以快速移动快速刀具到达指令指定的位置。

（2）指令格式

```
G00 G90(G91) X_ Y_ Z_;
```

X、Y、Z：目标点的坐标。

G90：绝对坐标编程。

G91：增量坐标编程。

（3）指令应用

1）一般用于加工前的快速定位或加工后的快速退刀。

2）G00 指令不能在地址 F 中规定，应由面板上的快速修调按钮修正。

3）执行 G00 指令时，刀具轨迹不一定是直线。

4）G00 为模态功能。

2. G01 直线插补

（1）指令定义

G01 指令使刀具以一定的进给速度，从所在点出发，直线移动到目标点。

（2）指令格式

```
G01 G90(G91) X_ Y_ Z_ F_;
```

X、Y、Z：目标点的坐标。

G90：绝对坐标编程。

G91：增量坐标编程。

F：进给速度。

（3）指令应用

1）G01 的进给由 F 决定。

2）G01 的运动轨迹是标准的直线。

3）G01 主要用于车削圆柱、圆锥等直线加工。

4）G01 是模态指令。

3. 刀具选用

高速钢面铣刀一般用于加工中等宽度的平面，硬质合金面铣刀的切削效率及加工质量均比高速钢铣刀高，目前广泛使用硬质合金面铣刀加工平面。

（1）整体焊接式面铣刀

该刀结构紧凑，较易制造。但刀齿磨损后整把刀将报废，故已较少使用，如图7.2所示。

（2）可转位面铣刀

该铣刀将刀片直接装夹在刀体槽中。切削刃用钝后，将刀片转位或更换刀片即可继续使用。可转位铣刀与可转位车刀一样且有效率高、寿命长、使用方便、加工质量稳定等优点。这种铣刀是目前平面加工中应用广泛的刀具之一。可转位面铣刀已形成系列标准，可查阅刀具标准等有关资料，如图7.3所示。

图7.2　整体焊接式面铣刀

图7.3　可转位面铣刀

4. 刀具切削用量的选择

粗加工时，一般以提高生产率为主，但也应考虑经济性和加工成本；半精加工和精加工时，应在保证加工质量的前提下，兼顾切削效率、经济性和加工成本。具体数值应根据机床说明书、切削用量手册，并结合经验而定。从刀具的耐用度出发，切削用量的选择顺序是首先确定背吃刀量，其次确定进给量，最后确定切削速度。

（1）背吃刀量（a_p）的确定

背吃刀量由机床、工件和刀具的刚度来决定，在刚度允许的条件下，应尽可能使背吃刀量等于工件的加工余量，这样可以减少走刀次数，提高生产效率，如图7.4所示。

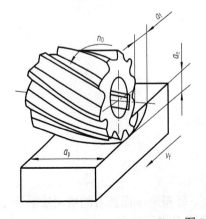
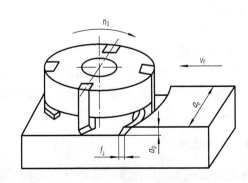

图7.4　切削用量

（2）进给量（f_z）的确定

进给量主要根据零件的加工精度和表面粗糙度要求以及刀具、工件的材料选取。最大进给速度受机床刚度和进给系统的性能限制，如图 7.4 所示。

（3）主轴转速（n_0）的确定

主轴转速应根据允许的切削速度和刀具直径来选择。其计算公式为 $n_0 = 1000v/\pi D$，如图 7.4 所示。其中，v 为切削速度，单位为 m/min，由刀具的耐用度决定；n 为主轴转速，单位为 r/min；D 为刀具直径，单位为 mm。

计算的主轴转速 n 最后要根据机床说明书选取机床有的或较接近的转速。

总之，切削用量的具体数值应根据机床性能、相关的手册并结合实际经验用类比方法确定。同时，应使主轴转速、切削深度及进给速度三者能相互适应，以形成最佳切削用量。

5. 铣削方式

（1）逆铣与顺铣的概念

铣刀的旋转方向和工件的进给方向相反时称为逆铣，相同时称为顺铣。

（2）逆铣与顺铣的特点

1）逆铣时，刀具从已加工表面切入，切削厚度从零逐渐增大。每齿所产生的水平分力均与进给方向相反，使丝杠与螺母间传动面始终紧贴，故工作台不会发生窜动现象，铣削较平稳，齿从已加工表面切入，不会造成就从毛坯面切入而打刀的问题，如图 7.5 所示。

2）顺铣时，刀具从待加工表面切入，刀齿的切削厚度从最大开始，避免了挤压、滑行现象的产生。同时垂直方向的分力 V_f 始终压向工作台，减小了工件上下的振动，因而能提高铣刀耐用度和加工表面质量如图 7.6 所示。

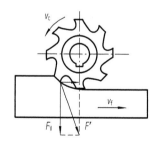

图 7.5　逆铣

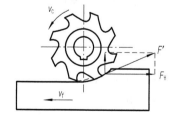

图 7.6　顺铣

（3）逆铣、顺铣的确定

根据上面分析，当工件表面有硬皮，机床的进给机构有间隙时，应选用逆铣。因为逆铣时，刀齿是从已加工表面切入，不会崩刃；机床进给机构的间隙不会引起振动和爬行，因此粗铣时应尽量采用逆铣。当工件表面无硬皮，机床进给机构无间隙时，应选用顺铣。因为顺铣加工后，零件表面质量好，刀齿磨损小。

6. 零件的加工工艺

（1）分析零件工艺

零件外形尺寸长×宽×高＝100mm×100mm×32mm，高度尺寸为自由公差，大平面表面粗糙度为 $Ra3.2\mu m$。

（2）选用毛坯状况

所用材料：45 钢。

毛坯外形尺寸：100mm×100mm×33mm，侧面以精加工。

（3）确定装夹方案

选用机用平口虎钳装夹工件。底面朝下，底下垫平行垫铁垫平，工件毛坯面高出钳口 12mm，夹 100mm 两侧面；实际上限制六个自由度，工件处于完全定位状态。

（4）确定加工方案

由于该零件是毛坯，因此采用端面铣刀先进行粗加工，再进行精加工，见表 7.1。

表 7.1　数控加工工序卡片

工步号	工步内容	刀具	主轴转速 /（r/min）	进给量 /（mm/min）	切削深度 /mm	进给次数	刀位号	刀补号
1	粗铣后平面	D50R0.8	750	750	0.8	1	1	1
2	精铣后平面	D50R0.8	1200	500	0.2	1	1	1

（5）编制加工程序

```
%
O0001
G00G90G54X-80Y30;
Z100;
M03S750;
Z5;
G01Z-0.8F100;
X50F750;
Y-10;
X-50;
Y-40;
X80;
```

```
G01Z-1F100S1000;
X-50F400;
Y-10;
X50;
Y30;
X-80;
G00Z100M05;
M30;
%
```

7.2 实践操作：平面类零件加工

第1步 选择机床及系统

01 双击快捷方式图标运行软件。

02 单击"快速登录"进入宇龙数控仿真系统，如图 7.7 所示。

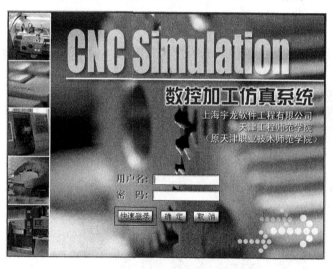

图 7.7 仿真系统登录

03 单击菜单栏"机床"选项或单击工具条上的 🖳 按钮，进入机床选项卡，如图 7.8 所示。

04 选择控制系统，先选择"FANUC"控制系统，再选择"FANUC 0i"系统版本，如图 7.9 所示。

05 选择类型，先选择"铣床"，再选择"标准铣床"，单击"确定"按钮进入选择的机床界面，如图 7.9 所示。

06 为了操作和学习方便，需要去掉机床护罩，移动旋转机床观察各个视角，右击机床显示界面弹出选项卡，选择"选项"进入"视图选项"对话框，如图7.10所示。

07 设置视图选项卡，打开声音和铁屑，不勾选"显示机床罩子"复选框，勾选"左键平移、右键旋转"复选框，单击"确定"按钮，如图7.11所示。

图7.8 进入机床选项卡

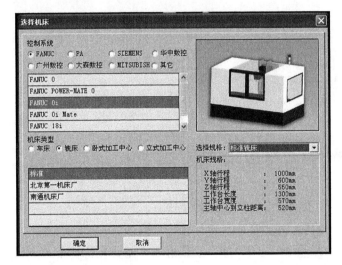

图7.9 机床选择

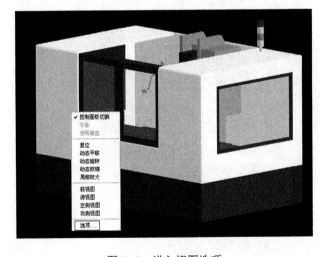

图7.10 进入视图选项

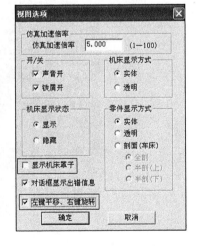

图7.11 视图选项

08 选择菜单栏"系统管理"选项，单击"系统设置"按钮，进入"系统设置"对话框，选择"公共属性"选项卡，设置机床参数，如图7.12所示。

① 不勾选"回参考点之前可以空运行"复选框，如图7.12所示。

② 勾选"回参考点之前可以手动操作机床"复选框，如图7.12所示。

③ 勾选"回参考点前，机床位置离参考点至少：X轴：100mm，Y轴：100mm，Z轴：100mm"复选框，如图7.12所示。

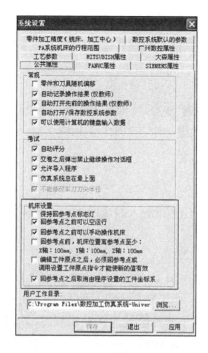

图 7.12 "系统设置"对话框

第 2 步 开关机、回参考点

01 按"启动"键，打开机床系统电源开关。

02 按"急停"键。

03 查看各轴机床当前机械坐标位置是否距离原点 100mm 以上，如图 7.13 所示，如果当前位置距离原点小于 100mm，则执行第 4 步；如果当前位置距离原点大于 100mm，则执行第 6 步。

04 按手动方式键。

图 7.13 机床位置

05 按操作面板Z轴选择键Z，长按负方向键－移动机床保证Z轴坐标前位置距离原点100mm以上。如果X轴、Y轴当前位置已经距离100mm以上不用移动，达不到距离就按Z轴的方法操作。

06 按回零键◈。

07 按操作面板Z轴选择键Z，按轴正方向移动按钮＋，直至Z机械坐标为0.000，回零结束指示灯点亮，Z轴回零结束。X轴、Y轴同Z轴一样操作。

第3步　程序输入

（1）手工输入程序

按操作面板编辑操作方式键⊠进入编辑状态，再按PROG键，进入程序显示界面，用系统面板键盘输入程序。

（2）DNC传输程序

01 选择菜单栏"机床→DNC传送"命令，如图7.14所示，在弹出的"打开"对话框中选择所需的程序，单击"打开"按钮，如图7.15所示。

02 按操作面板编辑操作方式键⊠进入编辑状态，再按PROG键，进入程序显示界面，单击菜单软键【操作】，单击菜单软键下一级子菜单软键▶，单击菜单软键【READ】，用系统键盘输入程序名"O＋四位数字"，四位数不能与已有的程序重名，单击菜单软键【EXEC】，程序被导入并显示在系统显示器上，如图7.16所示。

图7.14　DNC传输

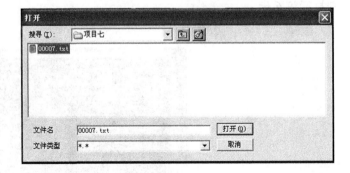

图7.15　选择程序

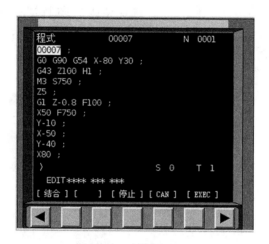

图 7.16　DNC 传入程序

第 4 步　定义毛坯及装夹

（1）定义毛坯

01　选择菜单栏"零件→定义毛坯"命令（图 7.17），或单击工具条上的按钮进入"定义毛坯"对话框。

02　定义毛坯名称"毛坯 7"，毛坯材料"低碳钢"，毛坯形状"长方形"，毛坯尺寸"100×100×33"，如图 7.18 所示。

03　单击"确定"按钮定义毛坯完成。

图 7.17　进入定义毛坯

图 7.18　定义毛坯

（2）安装夹具

01　选择菜单栏"零件→安装夹具"命令（图 7.19）或单击工具条中按钮进入"选择夹具"对话框。

02 选择已定义的零件"毛坯 7",选择夹具"平口钳",通过移动"向上"、"向下"、"向左"、"向右"、"旋转"调整零件的位置,如图 7.20 所示,把零件向上调整到最上边,左右不动,不需要旋转。

03 单击"确定"按钮,定义夹具完成。

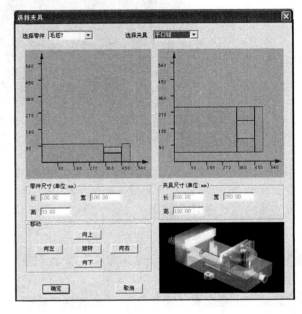

图 7.19 进入安装夹具   图 7.20 "选择夹具"对话框

(3)放置零件

01 选择菜单栏"零件→放置零件"命令(图 7.21),或单击工具条中 按钮进入"选择零件"对话框。

02 点选"选择毛坯"或"选择模型"单选按钮,再选择要放置在机床上的零件,单击"安装零件"按钮,如图 7.22 所示。

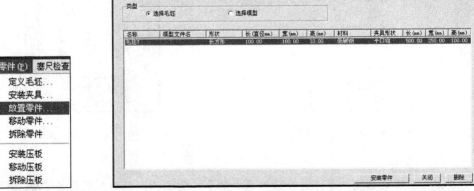

图 7.21 进入选择零件   图 7.22 "选择零件"对话框

03 调整位置画面，通过单击四个箭头移动位置和中间的旋转确定工件位置，如图 7.23 所示，单击一次旋转按钮，让平口钳在工作台上竖放。

04 然后单击"退出"按钮完成零件放置。

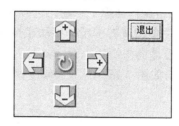

图 7.23 零件调整

第 5 步 X 轴、Y 轴建立坐标系

（1）选择基准工具

选择菜单栏"机床→基准工具"命令，或单击工具条中 ✛ 按钮进入"基准工具"对话框，这里用机械偏心式寻边器，单击"确定"按钮，寻边器装夹在主轴上，如图 7.24 所示。

（2）主轴旋转

按 MDI 操作方式 键，进入 MDI 方式，再按程序显示界面 键，输入"M03 S500"按 键，输入完成，按循环启动按钮 ，主轴旋转。

> **小贴士**
>
> 主轴转速在 400～600r/min，转速高容易把寻边器弹簧拉直，出现安全事故。

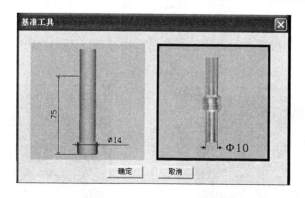

图 7.24 "基准工具"对话框

（3）X 轴坐标系建立

01 按操作面板中手动键 ，手动状态指示灯亮，进入手动方式。

02 首先选择 X 轴、Y 轴或 Z 轴 X Y Z ，再选择轴移动方向 + − ，如果距离远可以选择按"快速"键 快速 ，将机床移动到适当位置。

03 移动到大致位置后，可以采用手轮方式移动机床，按操作面板的 键切换到手轮挡，按 键显示手轮 ，将操作面板上手动轴选择旋钮 设在 X 轴位置，调节手轮进给速度旋钮 ，在手轮 上单击或右击精确移动靠棒寻边器，寻边器测量端晃动幅度逐渐减小，直至固定端与测量端的中心线重合，如图 7.25 所示。若此时再进给时，寻边器的测量端突然大幅度偏移，如图 7.26 所示，大幅度偏移前是主轴中心与测量端中心线恰好吻合。

图 7.25　寻边器中心线重合

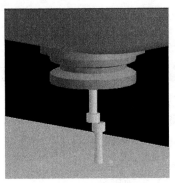

图 7.26　寻边器突然大幅度偏移

方法一：

① 寻边器与工件恰好吻合时不要移动 X 轴，按界面显示键 OFFSET SETTING 。

② 单击【坐标系】软键进入坐标设置界面。

③ 光标移动至 G54 坐标，如图 7.27 所示。

④ 输入"X−55"单击【测量】软键，X=(工件长度＋寻边器直径)/2，如图 7.28 所示。

⑤ 正负号判定是根据寻边器的位置在工件中心的正方向为正号，负方向为负号，X 轴坐标系建立结束。

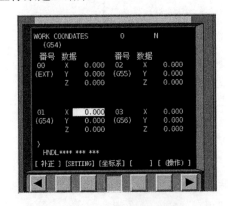

图 7.27　坐标系设置界面

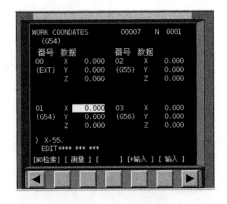

图 7.28　坐标系设置

方法二：

① 寻边器与工件恰好吻合时不要移动 X 轴，按坐标显示菜单键 <kbd>POS</kbd> 进入坐标界面。

② 单击【综合】软键进入位置显示界面，如图 7.29 所示。

③ 单击【操作】软键，如图 7.29 所示。

④ 单击【起源】软键，如图 7.30 所示。

⑤ 单击【全轴】软键，如图 7.31 所示，相对位置清零，如图 7.32 所示。

⑥ 寻边器与工件另一侧面恰好吻合时不要移动 X 轴，记下相对位置 X 轴的坐标值 "110"，如图 7.33 所示。

⑦ 单击界面显示键 <kbd>OFFSET SETTING</kbd>。

⑧ 单击【坐标系】软键进入坐标设置界面。

⑨ 光标移动至 G54 坐标，如图 7.27 所示。

⑩ 输入 "X−55" 单击【测量】软键（X＝相对位置坐标/2），如图 7.28 所示。

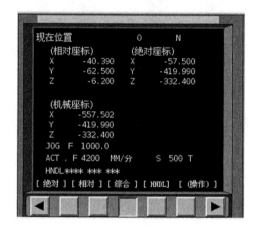

图 7.29　综合位置界面

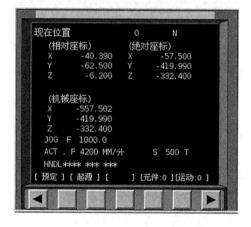

图 7.30　【起源】软键

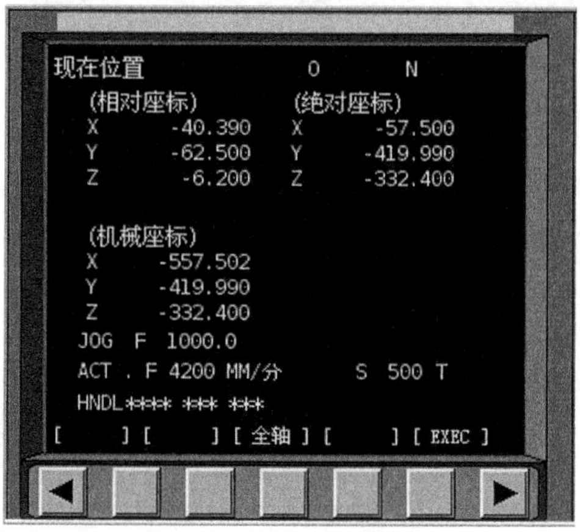

图 7.31　【全轴】软键

图 7.32　相对坐标清零

（4）Y 轴坐标系建立

采用同样的方法得到工件 Y 轴的坐标系，完成后选择菜单栏"机床→拆除工具"，拆除基准工具，如图 7.34 所示。

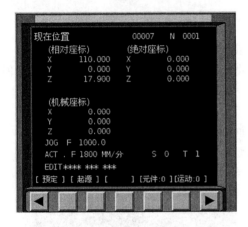

图 7.33　当前位置与工件另一侧相对坐标　　　　图 7.34　拆除基准工具

第 6 步　刀具的选择及安装

01　选择菜单栏"机床→选择刀具"命令（图 7.35），或单击工具条 按钮进入刀具选择界面。

02　输入所需刀具直径"50"，选择刀具类型"平底刀"，单击"确定"按钮，如图 7.36 所示。

03　在"可选刀具"列表框中单击选择所需的刀具，"已经选择的刀具"列表框中显示已选择的刀具，如图 7.36 所示。

04　输入刀柄直径"50"，刀柄长度"40"，如图 7.36 所示。

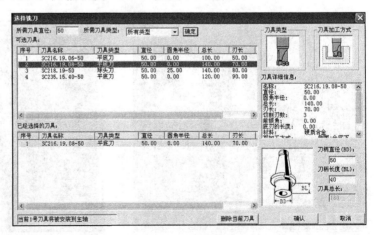

图 7.35　进入刀具选择　　　　　　　　　图 7.36　选择刀具

05 单击"确定"按钮退出选择，选择的刀具就添加在机床主轴上，如图 7.37 所示。

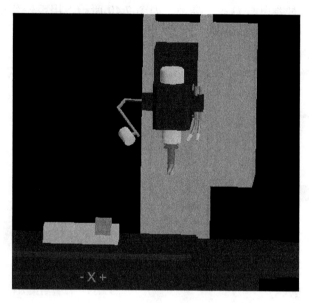

图 7.37　刀具添加在机床上

第 7 步　Z 轴对刀

（1）试切对刀

01 装好实际加工时所要使用的刀具。

02 按操作面板手动键 。

03 利用操作面板上的 X Y Z 、 快速 + - 键将机床移动到合适位置。

04 按操作面板上 键或 键使主轴转动。

05 按操作面板的 键切换到手轮挡。

06 按 键显示手轮 ，将操作面板上手动轴选择旋钮 设在 Z 轴位置，调节手轮进给速度旋钮 ，在手轮 上单击移动靠近工件，切削零件的声音刚响起时停止。

07 记下此时 Z 的机械坐标值，此时 Z 即为工件坐标系原点在机床坐标系中的坐标值，输入至 G54 里 Z 轴坐标系中，方法同 X（输入"Z0"单击【测量】软键）。

（2）塞尺对刀

01 装好实际加工时所要使用的刀具。

02 按操作面板手动键 。

03 利用操作面板上的 X Y Z 、 快速 + - 键将机床移动到合适位置。

04 按操作面板的 键切换到手轮挡。

05 按 键显示手轮 。

06 单击"塞尺检查"选项，选择 1mm 塞尺，如图 7.38 所示。

07 将操作面板上手动轴选择旋钮 ⚪ 设在 Z 轴位置，调节手轮进给速度旋钮 ⚪，在手轮 ⚪ 上单击移动靠近工件，此时"提示信息"对话框提示"塞尺检查的结果：太松"，如图 7.39 所示，此时塞尺与刀具不接触，如图 7.40 所示。用手轮移动 Z 直到"提示信息"对话框显示"塞尺检查的结果：合适"，如图 7.41 所示。此时不要移动机床，塞尺与刀具刚接触，如图 7.42 所示。

08 把坐标输入至 G54 里 Z 轴坐标系中方法同 X（输入"Z+塞尺厚度"单击【测量】软键）。

图 7.38　使用塞尺

图 7.39　检查结果太松

图 7.40　刀具与塞尺不接触

图 7.41　检查结果合适

图 7.42　刀具与塞尺刚接触

第 8 步　自动加工

01 按操作面板中的自动键 ⊡，系统进入自动运行控制方式。

[02] 按操作面板上的"单节"键 ⏩。

[03] 按操作面板上的"循环启动"键 □，执行一段程序，再按 □ 键，直至程序执行完，仿真自动加工如图7.43所示。

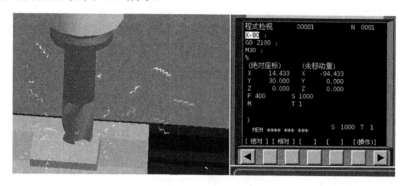

图7.43 自动加工

第9步 零件检测

[01] 选择菜单栏"测量→剖面图测量"命令，进入测量界面，如图7.44所示。

[02] 选择测量工具（外卡），如图7.45所示。

[03] 选择测量方式（垂直测量）。

[04] 选择调节工具（自动测量）。

[05] 选择坐标系（G54）。

图7.44 进入零件测量

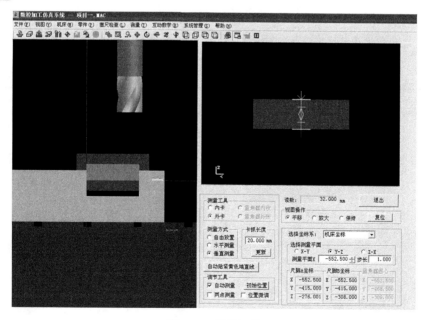

图7.45 零件测量

06 选择测量平面（*Y-Z*）。

07 读数就是测量工件厚度。

第 10 步 考核评价

操作完毕后，结合表 7.2 对本次任务实施过程及任务结果进行客观的评价，包括学生自评、小组互评和教师总体评价。评分完成后，学生可填写学习体会，包括本次任务的完成情况、完成效果、收获体会和改进措施等。

表 7.2 考核评价

序号	项 目	技 术 要 求	配分	评 分 标 准	检测记录	得分
1	软件操作	进入仿真软件	2	每错一次扣 2 分		
2	机床选择	正确选择机床	3	每错一次扣 3 分		
3	机床操作	开机、回零	4	每错一次扣 3 分		
4		装刀、装毛坯	6	每错一次扣 3 分		
5	试切对刀	对刀并输入刀补值	30	每错一处扣 5 分		
6	程序输入	正确输入程序	15	每错一处扣 5 分		
7	自动运行	按程序要求自动加工	10	每错一处扣 5 分		
8	自动单段运行	进行单段运行，体会程序	10	另选一种得 10 分		
9	再次自动运行	另选刀具对刀后自动加工	10	每错一处扣 5 分		
10	文明操作	爱护计算机设备	10	一次意外扣 2 分		

综合得分：　　　　　　　　　　　　　　　　　　　　　　　　　　教师签字：

学习体会：

任务描述

在仿真软件上编写加工程序并仿真加工简单的板类零件，见图 8.1。材料为 45 钢，毛坯尺寸为 105mm×105mm×33mm。刀具要求：APMT1604PDER 刀片，ϕ10mm 平底刀，BT40 刀柄。

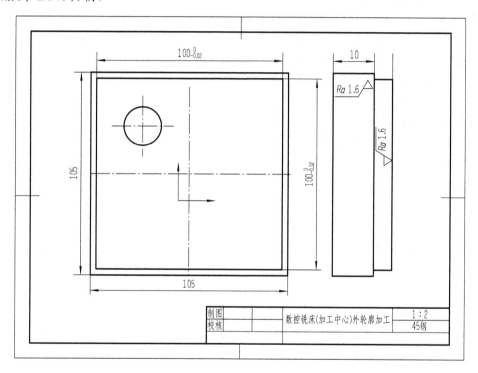

图 8.1　加工零件图

知识目标

1．学会分析图纸、填写工艺图表、编写零件程序。

2．学习对刀、修改刀补和坐标系步骤。

能力目标

1．掌握 FANUC 0i 数控铣床的仿真操作方法。

2．能根据图纸要求对仿真软件进行安装工件和刀具的操作模拟出合格零件。

3．能利用仿真软件检测、分析工件。

8.1 相关知识：刀具长度、半径补偿及零件加工的工艺

1. 刀具长度补偿

（1）刀具长度补偿的作用

1）用于刀具轴向（Z向）的补偿。

2）使刀具在轴向的实际位移量比程序给定值增加或减少一个偏置量。

3）刀具长度尺寸变化时，可以在不改动程序的情况下，通过改变偏置量达到加工尺寸。

4）利用该功能，还可在加工深度方向上进行分层铣削，即通过改变刀具长度补偿值的大小，通过多次运行程序而实现。

（2）刀具长度补偿指令 G43、G44、G49

1）指令定义：

G43：刀具长度正补偿。

G44：刀具长度负补偿。

2）指令格式：

```
G00(G01)  G43  Z_ H_;
```

或

```
G00(G01)  G44  Z_ H_;
G49  G00(G01)  Z_;
```

2. 刀具半径补偿

（1）刀具半径补偿的作用

1）在数控铣床上进行轮廓铣削时，由于刀具半径的存在，刀具中心轨迹与工件轮廓不重合。

2）人工计算刀具中心轨迹编程，计算相当复杂，且刀具直径变化时必须重新计算，修改程序。

3）当数控系统具备刀具半径补偿功能时，数控编程只需按工件轮廓进行，数控系统自动计算刀具中心轨迹，使刀具偏离工件轮廓一个半径值，即进行刀具半径补偿。

（2）刀具半径补偿的过程

1）刀补的建立：在刀具从起点接近工件时，刀心轨迹从与编程轨迹重合过渡到与编程轨迹偏离一个偏置量的过程，如图 8.2 所示。

2）刀补进行：刀具中心始终与变成轨迹相距一个偏置量直到刀补取消，如图 8.2 所示。

3）刀补取消：刀具离开工件，刀心轨迹要过渡到与编程轨迹重合的过程，如图 8.2 所示。

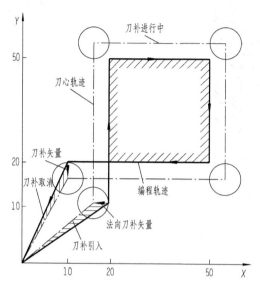

图 8.2　刀具半径补偿

（3）刀具半径补偿 G41、G42、G40

1）指令名称。

G41：左侧刀具半径补偿。

G42：右侧刀具半径补偿。

G40：取消半径补偿。

2）指令格式。

建立刀具半径补偿：

```
G17  G00(G01)  G41(G42)  X_ Y_ D_ ;
G18  G00(G01)  G41(G42)  X_ Z_ D_ ;
G19  G00(G01)  G41(G42)  Z_ Y_ D_ ;
```

取消半径补偿：

```
G40  G00(G01)  X_ Y_ ;
G40  G00(G01)  X_ Z_ ;
G40  G00(G01)  Z_ Y_ ;
```

3）刀具半径补偿判定。

刀补位置的左右应是顺着编程轨迹前进的方向进行判断，刀具在工件的左侧为左侧刀具半径补偿，如图 8.3 所示；刀具在工件的右侧为右侧刀具半径补偿，如图 8.4 所示。G40 为取消刀补。

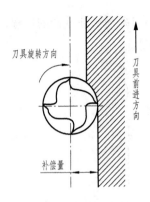

图 8.3　左侧刀具半径补偿

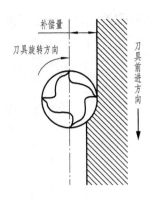

图 8.4　右侧刀具半径补偿

（4）G28 自动回机床参考点

指令格式：

```
G28  X_ Y_ Z_;
```

其中 X、Y、Z 为中间点坐标。

（5）M06 自动换刀

指令格式：

```
M06 T_;
```

换刀步骤如下：

01 换刀前必须先停止主轴。

02 回参考点。

03 换刀。

3. 零件的加工工艺

（1）分析零件工艺性能

零件外形尺寸为 105mm×105mm×33mm，高度尺寸为自由公差，上表面粗糙度为 $Ra3.2\mu m$，侧面 100mm×100mm，表面粗糙度为 $Ra1.6\mu m$，尺寸公差 0.02mm。

（2）选用毛坯状况

所用材料：45 钢。

毛坯外形尺寸：105mm×105mm×33mm。

（3）确定装夹方案

选用精密平口钳装夹工件。底面朝下垫平，工件毛坯面高出钳口 15mm，夹 100mm 两侧面；实际上限制六个自由度，工件处于完全定位状态。

（4）确定加工方案

1）用端面铣刀进行粗加工平面，见表 8.1。

2）用端面铣刀进行精加工平面。

3）用键铣刀粗铣方侧面。

4）用立铣刀精铣方侧面。

表 8.1 数控加工工序卡片

工步号	工步内容	刀具	主轴转速 /（r/min）	进给量 （mm/min）	切削深度 /mm	进给次数	刀位号	刀补号
1	粗铣后平面	D50R0.8	750	750	0.8	1	1	1
2	精铣后平面	D50R0.8	1200	500	0.2	1	1	1
3	粗铣侧面轮廓	D10	800	160	2.2	1	2	2
4	精铣侧面轮廓	D10	1000	120	0.3	1	3	3

（5）编制加工程序

```
%
O0001
G00G91G28Z0;
M06T01;
G00G90G54X-80Y30;
G43Z100H1;
M03S750;
Z5;
G01Z-0.8F100;
X50F750;
Y-10;
X-50;
Y-40;
X80;
G01Z-1F100S1000;
X-50F400;
Y-10;
X50;
Y30;
X-80;
G00Z100M05;
G00G91G28Z0;
M06T02;
G00G90G54X-65Y60;
G43Z100H2;
M03S800;
Z5;
```

```
G01Z-10F200;
G01G42X-50D2F160;
Y-50;
X50;
Y50;
X-60;
G40X-65Y60;
G00G90Z100M05;
G00G91G28Z0;
M06T03;
G00G90G54X-65Y60;
G43Z100H3;
M03S1000;
Z5;
G01Z-10F200;
G01G42X-50D3F100;
Y-50;
X50;
Y50;
X-60;
G40X-65Y60;
G0G90Z100;
M05
G00G91G28Y0Z0;
M30;
%
```

8.2 实践操作：外轮廓类零件加工

第1步　选择机床及系统

01 双击快捷方式图标运行软件。

02 单击"快速登录"按钮进入宇龙数控仿真系统，如图8.5所示。

03 单击菜单栏"机床"选项或单击工具条 🖶 按钮，进入机床选项卡，如图 8.6 所示。

04 选择控制系统，先选择"FANUC"控制系统，再选择"FANUC 0i"系统版本，如图8.7所示。

05 选择类型，先选择"铣床"，再选择"标准铣床"机床，最后单击"确定"按钮，进入选择的机床界面，如图 8.7 所示。

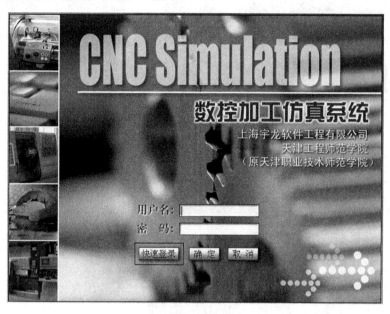

图 8.5　仿真系统登录

图 8.6　进入机床选项卡

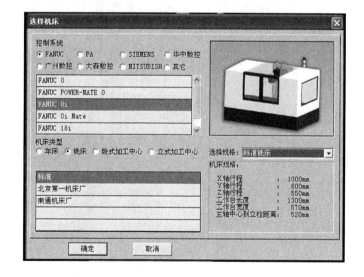

图 8.7　机床选择

06 为了操作和学习方便，需要去掉机床护罩，移动旋转机床观察各个视角，右击机床显示界面弹出选项卡，选择"选项"进入"视图选项"对话框，如图 8.8 所示。

07 设置视图选项卡，打开声音和铁屑，不勾选"显示机床罩子"复选框，勾选"左键平移、右键旋转"复选框，单击"确定"按钮，如图 8.9 所示。

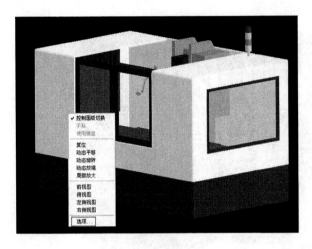

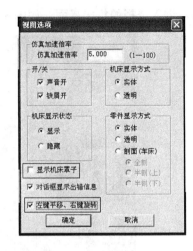

图 8.8　进入视图选项　　　　　　　　　　　　图 8.9　视图选项

08 选择菜单栏"系统管理"选项，单击"系统设置"按钮，进入"系统设置"对话框，选择"公共属性"选项卡，设置机床参数，如图 8.10 所示。

① 不勾选"回参考点之前可以空运行"复选框。

② 勾选"回参考点之前可以手动操作机床"，复选框。

③ 勾选"回参考点前，机床位置离参考点至少：X 轴：100mm，Y 轴：100mm，Z 轴：100mm"复选框。

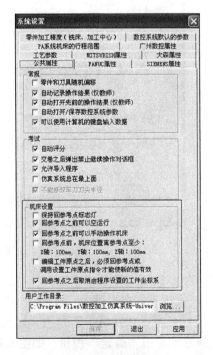

图 8.10　系统设置

第2步　开关机、回参考点

01 按"启动"键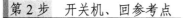，打开机床系统电源开关。

02 按急停键。

03 查看各轴机床当前机械坐标位置是否距离原点 100mm 以上，如图 8.11 所示，如果当前位置距离原点小于 100mm，则执行第 4 步；如果当前位置距离原点大于 100mm，则执行第 6 步。

04 按手动键。

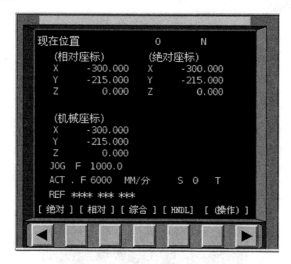

图 8.11　机床位置

05 按操作面板 Z 轴选择键，长按负方向键移动机床保证 Z 轴坐标前位置距离原点 100mm 以上。如果 X 轴、Y 轴当前位置已经距离 100mm 以上不用移动，达不到距离就按 Z 轴的方法操作。

06 按回零键。

07 按操作面板 Z 轴选择键，按轴正方向移动键，直至 Z 机械坐标为 0.000，回零结束指示灯点亮，Z 轴回零结束。X 轴、Y 轴同 Z 轴一样操作。

第3步　程序输入

（1）手工输入程序

单击操作面板编辑操作方式按钮进入编辑状态，再按键，进入程序显示界面，用系统面板键盘输入程序。

（2）DNC 传输程序

01 选择菜单栏"机床→DNC 传送"命令，如图 8.12 所示，在弹出的"打开"对话框中选择所需的程序，单击"打开"按钮，如图 8.13 所示。

02 按操作面板编辑键进入编辑状态，再按键，进入程序显示界面，单击菜单软键【操作】，单击菜单软键下一级子菜单软键▶，单击菜单软键【READ】，用系统键盘输入程序名"O+四位数字"四位数不能与已有的程序重名，单击菜单软键【EXEC】，程序被导入并显示在系统显示器上，如图8.14所示。

图 8.12 DNC 传输

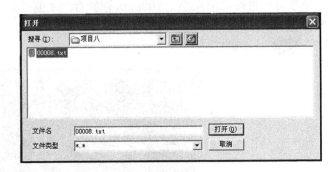

图 8.13 选择程序

图 8.14 DNC 传入程序

第 4 步 定义毛坯及装夹

（1）定义毛坯

01 选择菜单栏"零件→定义毛坯"命令或在工具条单击 ▱ 进入"定义毛坯"对话框。

02 定义毛坯名称"毛坯8"、毛坯材料"低碳钢"、毛坯形状"长方形"、毛坯尺寸"105×105×33"，如图8.15所示。

03 单击"确定"按钮定义毛坯完成。

（2）安装夹具

01 选择菜单栏"零件→安装夹具"命令或单击工具条上的 🔨 按钮进入"选择夹

具"对话框。

02 选择已定义的零件"毛坯 8"，选择夹具"平口钳"，通过移动"向上"、"向下"、"向左"、"向右"、"旋转"调整零件的位置，如图 8.16 所示，把零件向上调整到最上边，左右不动，不需要旋转。

图 8.15　定义毛坯

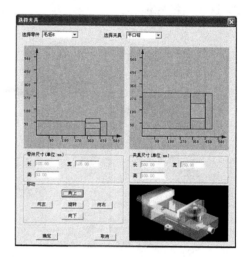

图 8.16　"选择夹具"对话框

03 单击"确定"按钮定义夹具完成。

（3）放置零件

01 选择菜单栏"零件→放置零件"命令或单击工具条上的 按钮进入"选择零件"对话框。

02 点选"选择毛坯"或"选择模型"单选按钮，再选择要放置在机床上的零件，单击"安装零件"按钮，如图 8.17 所示。

03 调整位置画面，通过单击四个箭头移动位置和中间的旋转确定工件位置，如图 8.18 所示，单击一次旋转，让平口钳在工作台上竖放。

04 单击"退出"按钮完成零件放置。

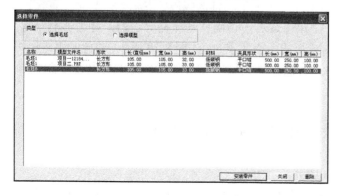

图 8.17　"选择零件"对话框

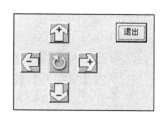

图 8.18　零件调整

第5步　X、Y轴建立坐标系

（1）选择基准工具

选择菜单栏"机床→基准工具"命令或单击工具条上的⊕按钮，进入"基准工具"对话框，这里用机械偏心式寻边器，单击"确定"按钮，寻边器装夹在主轴上，如图8.19所示。

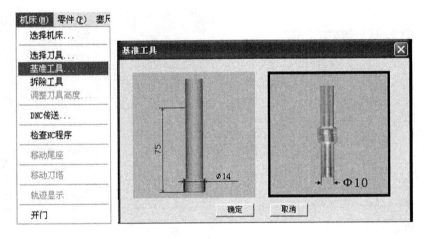

图 8.19　选择基准工具

（2）主轴旋转

按 MDI 操作方式█键，进入 MDI 方式，再按程序显示界面█键，输入"M03 S500"按█键，输入完成，按循环启动按钮█，主轴旋转。

（3）X 轴坐标系建立

01 按操作面板中手动方式键█，手动状态指示灯亮，进入手动方式。

02 首先选择 X 轴、Y 轴或 Z 轴 X Y Z，再选择轴移动方向 + −，如果距离远可以选择按"快速"键█，将机床移动到适当位置。

03 移动到大致位置后，可以采用手轮方式移动机床，按操作面板的█键切换到手轮挡，按█键显示手轮█，将操作面板上手动轴选择旋钮█设在 X 轴位置，调节手轮进给速度旋钮█，在手轮█上单击或右击精确移动靠棒寻边器，寻边器测量端晃动幅度逐渐减小，直至固定端与测量端的中心线重合，如图8.20所示。若此时再进给时，寻边器的测量端突然大幅度偏移，如图8.21所示，大幅度偏移前是主轴中心与测量端中心线恰好吻合。

方法一：

① 寻边器与工件恰好吻合时不要移动 X 轴，按界面显示键█。

② 单击【坐标系】软键进入坐标设置界面。

③ 光标移动至 G54 坐标，如图8.22所示。

④ 输入"X−57.5"单击【测量】软键，X＝（工件长度＋寻边器直径）/2，如

图 8.23 所示。

⑤ 正负号判定是根据寻边器的位置在工件中心的正方向为正号，负方向为负号，X 轴坐标系建立结束。

图 8.20　寻边器中心线重合

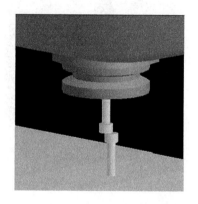

图 8.21　寻边器突然大幅度偏移

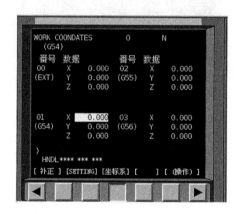

图 8.22　坐标系设置界面

图 8.23　坐标系设置

方法二：

① 寻边器与工件恰好吻合时不要移动 X 轴，按坐标显示菜单键 **POS** 进入坐标界面。

② 单击【综合】软键进入位置显示界面，如图 8.24 所示。

③ 单击【操作】软键，如图 8.24 所示。

④ 单击【起源】软键，如图 8.25 所示。

⑤ 单击【全轴】软键，如图 8.26 所示，相对位置清零，如图 8.27 所示。

⑥ 寻边器与工件另一侧面恰好吻合时不要移动 X 轴，记下相对位置 X 轴的坐标值 "115"，如图 8.28 所示。

⑦ 单击界面显示按键 **OFFSET SETTING**。

⑧ 单击【坐标】软键进入坐标设置界面。

⑨ 光标键移动至 G54 坐标，如图 8.22 所示。

⑩ 输入"X－57.5"单击【测量】软键（X＝相对位置坐标/2），如图8.23所示。

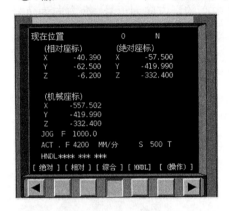

图8.24 综合位置界面

图8.25 起源软键

图8.26 全轴软键

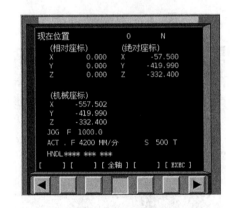

图8.27 相对坐标清零

（4）Y轴坐标系建立

采用同样的方法得到工件Y轴的坐标系，完成后选择菜单栏"机床→拆除工具"命令，拆除基准工具，如图8.29所示。

图8.28 当前位置与工件另一侧相对坐标

图8.29 拆除基准工具

第 6 步 刀具的选择及安装

01 选择菜单栏"机床→选择刀具"命令或单击工具条上的 按钮进入刀具选择界面。

02 输入所需刀具直径"10"，选择刀具类型"平底刀"，单击"确定"按钮。

03 在"可选刀具"列表框中单击选择所需的刀具，"已经选择的刀具"列表框显示已选择的刀具。

04 输入刀柄直径"30"，刀柄长度"40"，如图 8.30 所示。

05 ϕ10mm 粗精铣刀刀具同上 02～05 步。

06 单击"确定"按钮退出选择，选择的刀具就添加在机床主轴上，如图 8.31 所示。

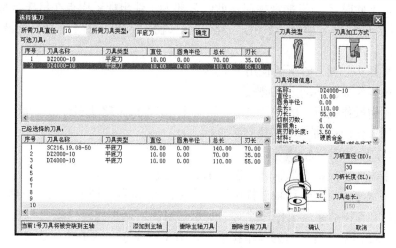

图 8.30 选择刀具

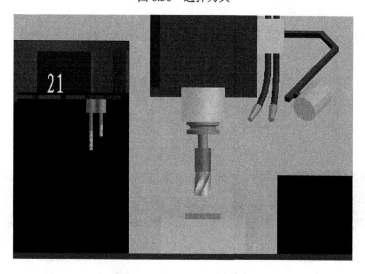

图 8.31 刀具添加在机床上

第 7 步　Z 轴对刀

（1）试切对刀

01 装好实际加工时所要使用的刀具。

02 按操作面板手动操作方式键【WW】。

03 利用操作面板上的 X | Y | Z 、快速 + − 键将机床移动到合适位置。

04 按操作面板上或键使主轴转动。

05 按操作面板的键切换到手轮挡。

06 按键显示手轮，将操作面板上手动轴选择旋钮设在 Z 轴位置，调节手轮进给速度旋钮，在手轮上单击移动靠近工件，切削零件的声音刚响起时停止。

07 记下此时 Z 的机械坐标值，此时 Z 即为工件坐标系原点在机床坐标系中的坐标值，输入至 G54 里 Z 轴坐标系中，方法同 X（输入 "Z0" 按【测量】软键）。

（2）塞尺对刀

01 装好实际加工时所要使用的刀具。

02 按操作面板手动方式键【WW】。

03 利用操作面板上的 X | Y | Z 、快速 + − 键将机床移动到合适位置。

04 按操作面板的键切换到手轮挡。

05 按键显示手轮。

06 单击 "塞尺检查" 选项，选择 1mm 塞尺。

07 将操作面板上手动轴选择旋钮设在 Z 轴位置，调节手轮进给速度旋钮，在手轮上单击移动靠近工件，此时 "提示信息" 对话框提示 "塞尺检查的结果：太松"，如图 8.32 所示，塞尺与刀具不接触，如图 8.33 所示。用手轮移动 Z 直到 "提示信息" 对话框显示 "塞尺检查的结果：合适"，如图 8.34 所示。此时不要移动机床，塞尺与刀具刚接触，如图 8.35 所示。

08 把坐标输入至 G54 里 Z 轴坐标系中方法同 X（输入 "Z＋塞尺厚度" 单击【测量】菜单软键）。

图 8.32　检查结果太松

图 8.33　刀具与塞尺不接触

图 8.34　检查结果合适

图 8.35　刀具与塞尺刚接触

▌第 8 步　自动加工

01　按操作面板中的自动操作键 ，系统进入自动运行控制方式。

02　按操作面板上的"单节"键 。

03　按操作面板上的"循环启动"键 ，执行一段程序，再按 键，直至程序执行完，仿真自动加工如图 8.36 所示。

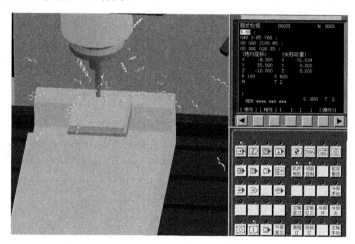

图 8.36　自动加工

▌第 9 步　零件检测

01　选择菜单栏"测量→剖面图测量"命令，进入测量界面。

02　选择测量工具（外卡），如图 8.37 所示。

03　选择测量方式（垂直测量）。

04　选择调节工具（自动测量）。

05　选择坐标系（G54）。

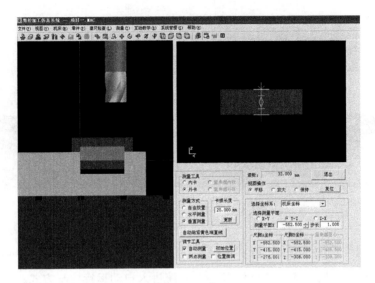

图 8.37　零件测量

06）选择测量平面（*Y-Z*）。

07）读测量尺寸。

▌第 10 步　考核评价

　　操作完毕后，结合表 8.2 对本次任务实施过程及任务结果进行客观的评价，包括学生自评、小组互评和教师总体评价。评分完成后，学生可填写学习体会，包括本次任务的完成情况、完成效果、收获体会和改进措施等。

表 8.2　考核评价

序号	项　目	技术要求	配分	评分标准	检测记录	得分
1	软件操作	进入仿真软件	2	每错一次扣 2 分		
2	机床选择	正确选择机床	3	每错一次扣 3 分		
3	机床操作	开机、回零	4	每错一次扣 3 分		
4		装刀、装毛坯	6	每错一次扣 3 分		
5	试切对刀	对刀并输入刀补值	30	每错一处扣 5 分		
6	程序输入	正确输入程序	15	每错一处扣 5 分		
7	自动运行	按程序要求自动加工	10	每错一处扣 5 分		
8	自动单段运行	进行单段运行，体会程序	10	另选一种得 10 分		
9	再次自动运行	另选刀具对刀后自动加工	10	每错一处扣 5 分		
10	文明操作	爱护计算机设备	10	一次意外扣 2 分		

综合得分：　　　　　　　　　　　　　　　　　　　教师签字：

学习体会：

数控铣床（加工中心）内槽加工

任务描述

在仿真软件上编写加工程序并仿真加工简单的板类零件，见图 9.1。材料为 45 钢，毛坯尺寸为 105mm×105mm×33mm。刀具要求：APMT1604PDER 刀片，ϕ10mm 平底刀，BT40 刀柄。

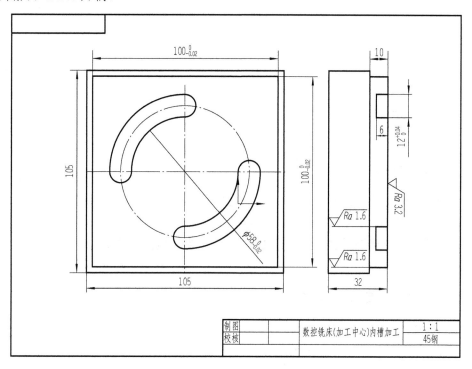

图 9.1　加工零件图样

知识目标

1. 学会分析图纸、填写工艺图表、编写零件程序。

2. 学习对刀、修改刀补和坐标系步骤。

能力目标

1. 掌握 FANUC 0i 数控铣床的仿真操作方法。

2. 能根据图纸要求对仿真软件进行安装工件和刀具的操作模拟出合格零件。

3. 能利用仿真软件检测、分析工件。

9.1 相关知识：G02 与 G03 指令的使用、零件加工的工艺

1. G02 顺时针圆弧插补指令

指令格式：

```
G17  G02  X_ Y_ I_ J_ F_;
```

或

```
G17  G02  X_ Y_ R_ F_;
G18  G02  X_ Z_ I_ K_ F_;
```

或

```
G18  G02  X_ Z_ R_ F_;
G19  G02  Z_ Y_ K_ J_ F_;
```

或

```
G19  G02  Z_ Y_ R_ F_;
```

X、Y、Z：圆弧终点坐标。X、Y、Z 相对应得圆心坐标 I、J、K。

I、J、K：相对起点圆心的增量坐标。

R：圆弧半径，当圆弧圆心角小于 180°时，R 为正值；当圆弧圆心角大于 180°时，R 为负值。

2. G03 逆时针圆弧插补指令

指令格式：

```
G17  G03  X_ Y_ I_ J_ F_;
```

或

```
G17  G03  X_ Y_ R_ F_;
G18  G03  X_ Z_ I_ K_ F_;
```

或

```
G18  G03  X_ Z_ R_ F_;
G19  G03  Z_ Y_ K_ J_ F_;
```

或

```
G19  G03  Z_ Y_ R_ F_;
```

X、Y、Z：圆弧终点坐标。X、Y、Z 相对应得圆心坐标 I、J、K。

I、J、K：相对起点圆心的增量坐标。

R：圆弧半径，当圆弧圆心角小于 180°时，R 为正值；当圆弧圆心角大于 180°时，R 为负值。

3. G02/G03 判断

01 确定加工圆弧坐标平面，如图 9.2 所示。

02 确定第三个轴的正方向。

03 从第三个轴的正方向看坐标平面上的圆弧，判断顺时针或逆时针方向移动。

04 顺时针方向移动用 G02，逆时针方向移动 G03。

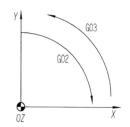 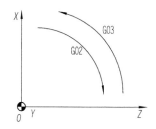 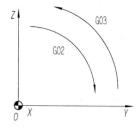

图 9.2　G02/G03 判定

4. 零件的加工工艺

（1）分析零件工艺性能

零件外形尺寸为 105mm×105mm×33mm，高度尺寸为自由公差，上表面粗糙度为 $Ra3.2\mu m$，侧面 100mm×100mm，表面粗糙度为 $Ra1.6\mu m$，尺寸公差 0.02mm。槽侧面表面粗糙度为 $Ra1.6\mu m$，尺寸公差 0.02mm。

（2）选用毛坯状况

所用材料：45 钢。

毛坯外形尺寸：105mm×105mm×33mm。

（3）确定装夹方案

选用精密平口钳装夹工件。底面朝下垫平，工件毛坯面高出钳口 15mm，夹 100mm 两侧面；实际上限制六个自由度，工件处于完全定位状态。

（4）确定加工方案

1）用端面铣刀进行粗加工平面，见表 9.1。

2）用端面铣刀进行精加工平面。

3）用键铣刀粗铣方侧面及弧形槽。

4）用立铣刀精铣方侧面及弧形槽。

表 9.1　数控加工工序卡片

工步号	工步内容	刀具	主轴转速 / (r/min)	进给量 / (mm/min)	切削深度 /mm	进给次数	刀位号	刀补号
1	粗铣后平面	D50R0.8	750	750	0.8	1	1	1
2	精铣后平面	D50R0.8	1200	500	0.2	1	1	1
3	粗铣侧面轮廓	D10	800	160	2.2	1	2	2
4	精铣侧面轮廓	D10	1000	120	0.3	1	3	3

（5）编制加工程序

```
%
O0001
G00G91G28Z0;
M06T01;
G00G90G54X-80Y30;
G43Z100H1;
M03S750;
Z5;
G01Z0.2F100;
X50F750;
Y-10;
X-50;
Y-40;
X80;
G01Z0F100S1000;
X-50F400;
Y-10;
X50;
Y30;
X-80;
G00Z100M05;
G00G91G28Z0;
M06T02;
G00G90G54X-65Y60;
G43Z100H2;
M03S800;
Z5;
G01Z-10F200;
G01G42X-50D02F160;
```

```
Y-50;
X50;
Y50;
X-60;
G40X-65Y60;
G00G90Z100;
G90G00G40X-34.Y0.;
Z100.;
Z4.;
G01Z-6.F30;
G42D02X-29.F160;
G02X-41.Y0.R6.;
X0.Y41.R41.;
X0.Y29.R6.;
G03X-29.Y0.R29.;
G01G40X-34.;
Z4.;
G00Z100.;
G90G00G40X0.Y-36.;
Z100.;
Z4.;
G01Z-6.F30;
G42D02Y-41.F160;
G02X0.Y-29.R6.;
G03X29.Y0.R29.;
G02X41.Y0.R6.;
G02X0.Y-41.R41.;
G01G40Y-36.;
Z4.;
G00Z100.M05;
G00G91G28Z0;
M06T03;
G00G90G54X-65Y60;
G43Z100H3;
M03S1000;
Z5;
G01Z-10F200;
G01G42X-50D03F100;
Y-50;
```

```
X50；
Y50；
X-60；
G40X-65Y60；
G00G90Z100；
G90G00G40X-34.Y0.；
Z100.；
Z4.；
G01Z-6.F30；
G42D03X-29.F160；
G02X-41.Y0.R6.；
X0.Y41.R41.；
XO.Y29.R6.；
G03X-29.Y0.R29.；
G01G40X-34.；
Z4.；
G00Z100.；
G90G54G00G40X0.Y-36.；
Z100.；
Z4.；
G01Z-6.F30；
G42D03Y-41.F160；
G02X0.Y-29.R6.；
G03X29.Y0.R29.；
G02X41.Y0.R6.；
G02X0.Y-41.R41.；
G01G40Y-36.；
Z4.；
G00Z100.；
M05；
G00G91G28Y0Z0；
M30；
%
```

9.2 实践操作：槽类零件加工

第1步 选择机床及系统

01 双击快捷方式图标运行软件。

02 单击"快速登录"按钮进入宇龙数控仿真系统如图 9.3 所示。

03 单击菜单栏"机床"选项或单击工具条中的 ☷ 按钮，进入机床选项卡，如图 9.4 所示。

04 选择控制系统，先选择"FANUC"控制系统，再选择"FANUC 0i"系统版本，如图 9.5 所示。

05 选择类型，先选择"铣床"，再选择"标准铣床"机床，单击"确定"按钮进入选择的机床界面，如图 9.5 所示。

06 为了操作和学习方便，需要去掉机床护罩，移动旋转机床观察各个视角，右击机床显示界面弹出选项卡，选择"选项"进入"视图选项"对话框，如图 9.6 所示。

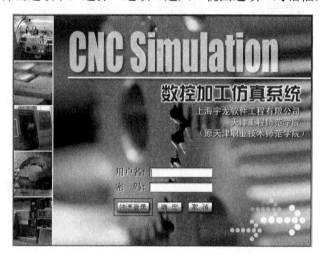

图 9.3　仿真系统登录

图 9.4　进入机床选项卡

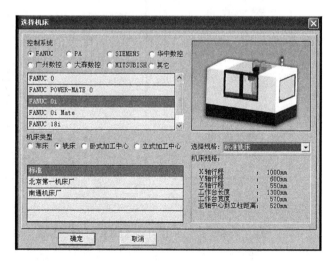

图 9.5　机床选择

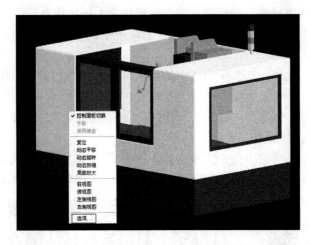

图 9.6　进入视图选项

07　设置视图选项卡，打开声音和铁屑，不勾选"显示机床罩子"复选框，勾选"左键平移、右键旋转"复选框，单击"确定"按钮，如图 9.7 所示。

08　选择菜单栏"系统管理"选项，单击"系统设置"按钮，进入"系统设置"对话框，选择"公共属性"选项卡，设置机床参数，如图 9.8 所示。

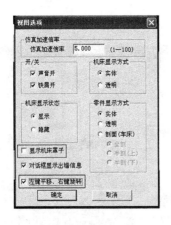

图 9.7　视图选项

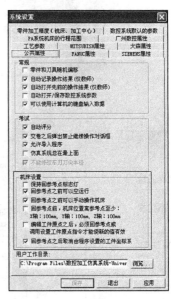

图 9.8　系统设置

① 不勾选"回参考点之前可以空运行"复选框。

② 勾选"回参考点之前可以手动操作机床"复选框。

③ 勾选"回参考点前，机床位置离参考点至少：X 轴：100mm，Y 轴：100mm，Z 轴：100mm"复选框。

📗第2步　开关机、回参考点

01 按"启动"键 🔲，打开机床系统电源开关。

02 按"急停"键 🔘。

03 查看各轴机床当前机械坐标位置是否距离原点 100mm 以上，如图 9.9 所示，如果当前位置距离原点小于 100mm，则执行第 4 步；如果当前位置距离原点大于 100mm，则执行第 6 步。

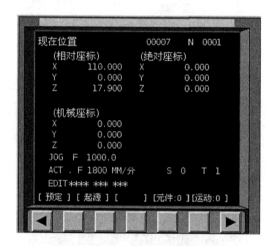

图 9.9　机床位置

04 按手动方式键 🔲。

05 按操作面板 Z 轴选择键 🔲，长按负方向键 🔲 移动机床保证 Z 轴坐标前位置距离原点 100mm 以上。如果 X 轴、Y 轴当前位置已经距离 100mm 以上不用移动，达不到距离就按 Z 轴的方法操作。

06 按回零键 🔲。

07 按操作面板 Z 轴选择键 🔲，按轴正方向移动键 🔲，直至 Z 机械坐标为 0.000，回零结束指示灯点亮，Z 轴回零结束。X 轴、Y 轴同 Z 轴一样操作。

📗第3步　程序输入

（1）手工输入程序

按操作面板编辑操作方式键 🔲 进入编辑状态，再按 🔲 键，进入程序显示界面，用系统面板键盘输入程序。

（2）DNC 传输程序

01 选择菜单栏"机床→DNC 传送"命令，如图 9.10 所示，在弹出"打开"的对话框中选择所需的程序，单击"打开"按钮，如图 9.11 所示。

02 按操作面板编辑操作方式键 🔲 进入编辑状态，再按 🔲 键，进入程序显示界面，单击菜单软键【操作】，单击菜单软键下一级子菜单软键【▶】，单击菜单软键【READ】，用系统键盘输入程序名"O＋四位数字"四位数不能与已有的程序重名，单击菜单软键【EXEC】，程序被导入并显示在系统显示器上，如图9.12所示。

图9.10　DNC 传输

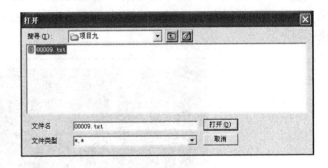

图9.11　选择程序

图9.12　DNC 传入程序

第4步　定义毛坯及装夹

（1）定义毛坯

01 单击菜单栏"零件→定义毛坯"命令，或在工具条单击 进入"定义毛坯"对话框。

02 定义毛坯名称"毛坯9"，毛坯材料"低碳钢"，毛坯形状"长方形"，毛坯尺寸"105×105×33"，如图9.13所示。

03 单击"确定"按钮定义毛坯完成。

（2）安装夹具

01 选择菜单栏"零件→安装夹具"命令，或单击工具条上的 按钮进入"选择夹具"对话框。

02 选择已定义的零件"毛坯 9"，选择夹具"平口钳"，通过移动"向上"、"向下"、"向左"、"向右"、"旋转"调整零件的位置，如图 9.14 所示，把零件向上调整到最上边，左右不动，不需要旋转。

03 单击"确定"按钮定义夹具完成。

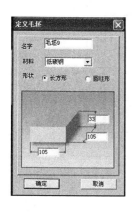

图 9.13　"定义毛坯"对话框

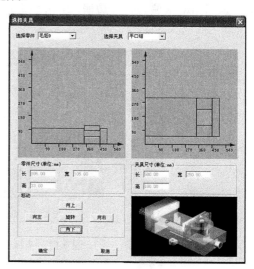

图 9.14　选择夹具

（3）放置零件

01 选择菜单栏"零件→放置零件"命令或单击工具条上的 按钮进入"选择零件"对话框。

02 点选"选择毛坯"或"选择模型"单选按钮，再选择要放置在机床上的零件，单击"安装零件"按钮，如图 9.15 所示。

03 调整位置画面，通过单击四个箭头移动位置和中间的旋转确定工件位置。如图 9.16 所示，单击一次旋转，让平口钳在工作台上竖放。

04 单击"退出"按钮，完成零件放置。

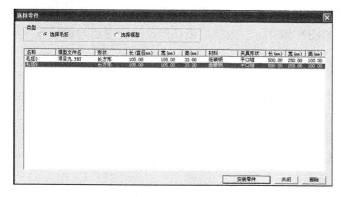

图 9.15　选择零件

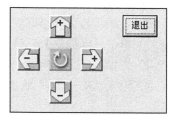

图 9.16　零件调整

第 5 步 *X* 轴、*Y* 轴建立坐标系

（1）选择基准工具

选择菜单栏"机床→基准工具"命令或单击工具条上的 ⊕ 按钮进入"基准工具"对话框，这里用机械偏心式寻边器，单击"确定"按钮，寻边器装夹在主轴上，如图 9.17所示。

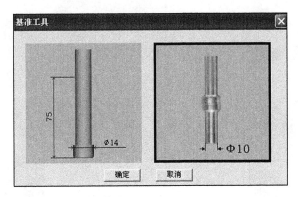

图 9.17　选择基准工具

（2）主轴旋转

按 MDI 操作方式 回 键，进入 MDI 方式，再按程序显示界面 prog 键，输入"M03 S500"按 insert 键，输入完成，按循环启动按钮 回，主轴旋转。

（3）*X* 轴坐标系建立

01 按操作面板中手动方式键 回，手动状态指示灯亮，进入手动方式。

02 首先选择 *X* 轴、*Y* 轴或 *Z* 轴 X Y Z，再选择轴移动方向 + −，如果距离远可以选择按"快速"键 回，将机床移动到适当位置。

03 移动到大致位置后，可以采用手轮方式移动机床，按操作面板的 回 键切换到手轮挡，按 回 键显示手轮 回，将操作面板上手动轴选择旋钮 回 设在 *X* 轴位置，调节手轮进给速度旋钮 回，在手轮 回 上单击或右击精确移动靠棒寻边器，寻边器测量端晃动幅度逐渐减小，直至固定端与测量端的中心线重合，如图 9.18 所示。若此时再进给时，寻边器的测量端突然大幅度偏移，如图 9.19 所示，大幅度偏移前是主轴中心与测量端中心线恰好吻合。

方法一：

① 寻边器与工件恰好吻合时不要移动 *X* 轴，按界面显示键 offset。

② 单击【坐标系】软键进入坐标设置界面。

③ 光标移动至 G54 坐标，如图 9.20 所示。

④ 输入"X−57.5"单击【测量】软键，X=(工件长度＋寻边器直径)/2，如图 9.21所示。

⑤ 正负号判定是根据寻边器的位置在工件中心的正方向为正号，负方向为负号，*X*

轴坐标系建立结束。

图 9.18　寻边器中心线重合

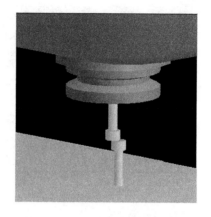

图 9.19　寻边器突然大幅度偏移

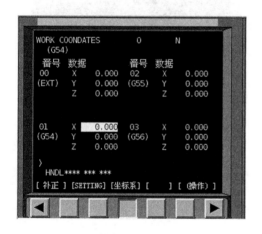

图 9.20　坐标系设置界面

图 9.21　坐标系设置

方法二：

① 寻边器与工件恰好吻合时不要移动 X 轴，按坐标显示菜单键 **POS** 进入坐标界面。

② 单击【综合】软键进入位置显示界面，如图 9.22 所示。

③ 单击【操作】软键，如图 9.22 所示。

④ 单击【起源】软键，如图 9.23 所示。

⑤ 单击【全轴】软键，如图 9.24 所示，相对位置清零，如图 9.25 所示。

⑥ 寻边器与工件另一侧面恰好吻合时不要移动 X 轴，记下相对位置 X 轴的坐标值 "115"，如图 9.26 所示。

⑦ 按界面显示键 **OFFSET SETTING**。

⑧ 单击【坐标】软键进入坐标设置界面。

⑨ 光标移动至 G54 坐标，如图 9.20 所示。

⑩ 输入 "X−57.5" 单击【测量】软键（X=相对位置坐标/2），如图 9.21 所示。

图 9.22　综合位置界面

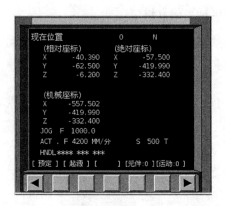

图 9.23　【起源】软键

图 9.24　【全轴】软键

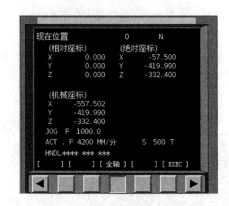

图 9.25　相对坐标清零

（4）Y 轴坐标系建立

采用同样的方法得到工件 Y 轴的坐标系，完成后选择菜单栏"机床→拆除工具"命令，拆除基准工具，如图 9.27 所示。

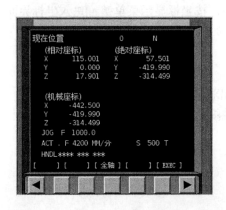

图 9.26　当前位置与工件另一侧相对坐标

图 9.27　拆除基准工具

第 6 步　刀具的选择及安装

01 选择菜单栏"机床→选择刀具"命令或单击工具条 按钮进入刀具选择界面。

02 输入所需刀具直径"10"，选择刀具类型"平底刀"，单击"确定"按钮，如图 9.28 所示。

03 在"可选刀具"列表框中单击选择所需的刀具，"已经选择的刀具"列表框中显示已选择的刀具。

04 输入刀柄直径"30"，刀柄长度"40"，如图 9.28 所示。

05 ϕ10mm 粗精铣刀刀具同上 2～5 步。

06 单击"确定"按钮退出选择，选择的刀具就添加在机床主轴上，如图 9.29 所示。

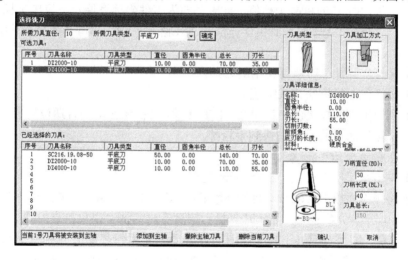

图 9.28　选择刀具

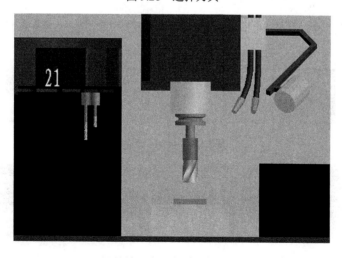

图 9.29　刀具添加在机床上

第7步　Z轴对刀

（1）试切对刀

01　装好实际加工时所要使用的刀具。

02　按操作面板手动方式键▦。

03　利用操作面板上的 X ｜ Y ｜ Z 、▦＋｜－键将机床移动到合适位置。

04　按操作面板上▦或▦键使主轴转动。

05　按操作面板的▦键切换到手轮挡。

06　按▦键显示手轮▦，将操作面板上手动轴选择旋钮▦设在 Z 轴位置，调节手轮进给速度旋钮▦，在手轮▦上单击移动靠近工件，切削零件的声音刚响起时停止。

07　记下此时 Z 的机械坐标值，此时 Z 即为工件坐标系原点在机床坐标系中的坐标值，输入至 G54 里 Z 轴坐标系中，方法同 X（输入"Z0"单击【测量】软键）。

（2）塞尺对刀

01　装好实际加工时所要使用的刀具。

02　按操作面板手动方式键▦。

03　利用操作面板上的 X ｜ Y ｜ Z 、▦＋｜－键将机床移动到合适位置。

04　按操作面板的▦键切换到手轮挡。

05　按▦键显示手轮▦。

06　单击塞尺检查选项，选择 1mm 塞尺。

07　将操作面板上手动轴选择旋钮▦设在 Z 轴位置，调节手轮进给速度旋钮▦，在手轮▦上单击移动靠近工件，此时"提示信息"对话框"塞尺检查的结果：太松"，如图 9.30 所示，塞尺与刀具不接触如图 9.31 所示。用手轮移动 Z 直到"提示信息"对话框显示"塞尺检查的结果：合适"，如图 9.32 所示。此时不要移动机床，塞尺与刀具刚接触，如图 9.33 所示。

08　把坐标输入至 G54 里 Z 轴坐标系中方法同 X（输入"Z＋塞尺厚度"单击【测量】软键）。

图 9.30　检查结果太松

图 9.31　刀具与塞尺不接触

图 9.32   检查结果合适

图 9.33   刀具与塞尺刚接触

第 8 步   自动加工

01 按操作面板中的自动操作键[图]，系统进入自动运行控制方式。

02 按操作面板上的"单节"键[图]。

03 按操作面板上的"循环启动"键[图]，执行一段程序，再按[图]键，直至程序执行完，仿真自动加工如图 9.34 所示。

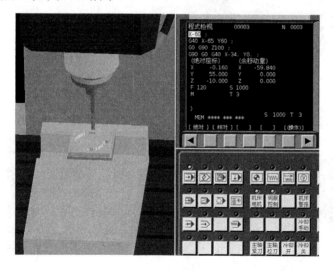

图 9.34   自动加工

第 9 步   零件检测

01 选择菜单栏"测量→剖面图测量"命令，进入测量界面。

02 选择测量工具（外卡），如图 9.35 所示。

03 选择测量方式（垂直测量）。

04 选择调节工具（自动测量）。

05 选择坐标系（G54）。

06 选择测量平面（*X-Y*），测量平面 Z-460，如图 9.35 所示。

07 读数就是测量尺寸 100mm。

08 选择测量平面（*Y-Z*）。

09 读数就是测量尺寸 32mm，如图 9.36 所示。

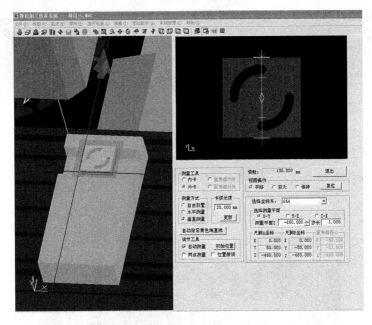

图 9.35　零件测量（一）

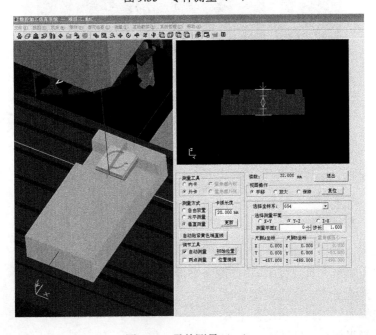

图 9.36　零件测量（二）

第 10 步　考核评价

操作完毕后，结合表 9.2 对本次任务实施过程及任务结果进行客观的评价，包括学生自评、小组互评和教师总体评价。评分完成后，学生可填写学习体会，包括本次任务的完成情况、完成效果、收获体会和改进措施等。

表 9.2　考核评价

序号	项　　目	技 术 要 求	配分	评 分 标 准	检测记录	得分
1	软件操作	进入仿真软件	2	每错一次扣 2 分		
2	机床选择	正确选择机床	3	每错一次扣 3 分		
3	机床操作	开机、回零	4	每错一次扣 3 分		
4		装刀、装毛坯	6	每错一次扣 3 分		
5	试切对刀	对刀并输入刀补值	30	每错一处扣 5 分		
6	程序输入	正确输入程序	15	每错一处扣 5 分		
7	自动运行	按程序要求自动加工	10	每错一处扣 5 分		
8	自动单段运行	进行单段运行，体会程序	10	另选一种得 10 分		
9	再次自动运行	另选刀具对刀后自动加工	10	每错一处扣 5 分		
10	文明操作	爱护计算机设备	10	一次意外扣 2 分		

综合得分：　　　　　　　　　　　　　　　　　　　　　教师签字：

学习体会：

任务 10 数控铣床（加工中心）孔加工

任务描述

在仿真软件上编写加工程序并仿真加工简单的板类零件，见图 10.1。材料为 45 钢，毛坯尺寸为 105mm×105mm×33mm。刀具要求：APMT1604PDER 刀片，ϕ10mm 平底刀，A3 中心钻，ϕ9.7mm 钻头，10H7 铰刀，BT40 刀柄。

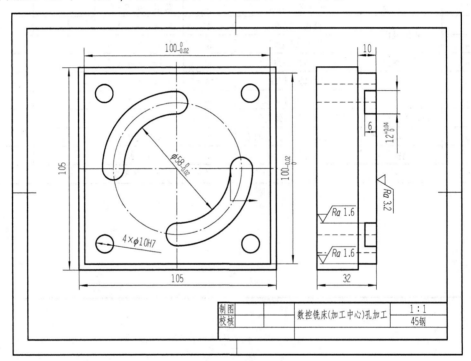

图 10.1　加工零件图样

知识目标

1. 学会分析图纸、填写工艺图表、编写零件程序。
2. 学习对刀、修改刀补和坐标系步骤。

能力目标

1. 掌握 FANUC 0i 数控铣床的仿真操作方法。
2. 能根据图纸要求对仿真软件进行安装工件和刀具的操作模拟出合格零件。
3. 能利用仿真软件检测、分析工件。

10.1　相关知识：孔加工循环指令的使用、零件加工的工艺

1. 孔加工循环指令

（1）指令格式

1）G81 普通钻削循环。

```
G81 X_ Y_ Z_ R_ F_;
```

2）G82 孔底暂停钻削循环。

```
G82 X_ Y_ Z_ R_ P_ F_;
```

3）G83 深孔钻削循环。

```
G83 X_ Y_ Z_ R_ Q_ F_;
```

4）G84 攻螺纹循环。

```
G84 X_ Y_ Z_ R_ F_;
```

5）G76 精镗循环。

```
G76 X_ Y_ Z_ R_ Q_ F_;
```

6）G80 固定循环取消。

格式略。

（2）指令中项目解释

1）X、Y 是孔的位置坐标，Z 为钻孔的深度，R 为 Z 向钻孔起始点坐标，F 为钻孔进给速度。

2）G82 中 P 为钻孔到深度暂停时间，单位为 s。

3）G83 中 Q 为每次钻孔深度。

4）G76 中的 Q 为镗孔至深度镗刀偏移量。

2. 零件的加工工艺

（1）分析零件工艺性能

零件外形尺寸为 105mm×105mm×33mm，高度尺寸为自由公差，上表面粗糙度为 $Ra3.2\mu m$，侧面 100mm×100mm，表面粗糙度为 $Ra1.6\mu m$，尺寸公差 0.02mm。槽侧面表面粗糙度为 $Ra1.6\mu m$，尺寸公差 0.02mm，加工 4 个 ϕ10H7 孔。

（2）选用毛坯状况

所用材料：45 钢。

毛坯外形尺寸：105mm×105mm×33mm。

（3）确定装夹方案

选用精密平口钳装夹工件。底面朝下垫平，工件毛坯面高出钳口 15mm，夹 100mm 两侧面；实际上限制六个自由度，工件处于完全定位状态。

（4）确定加工方案

1）用端面铣刀进行粗加工平面，见表 10.1。

2）用端面铣刀进行精加工平面。

3）用键铣刀粗铣方侧面及弧形槽。

4）用立铣刀精铣方侧面及弧形槽。

5）用中心钻钻定位孔。

6）用 ϕ9.7mm 钻头钻底孔。

7）用 ϕ10H7 铰刀铰孔。

表 10.1 数控加工工序卡片

工步号	工步内容	刀具	主轴转速/（r/min）	进给量/（mm/min）	切削深度/mm	进给次数	刀位号	刀补号
1	粗铣后平面	D50R0.8	750	750	0.8	1	1	1
2	精铣后平面	D50R0.8	1200	500	0.2	1	1	1
3	粗铣侧面轮廓	D10	800	160	2.2	1	2	2
4	精铣侧面轮廓	D10	1000	120	0.3	1	3	3
5	钻 4×ϕ10H7 孔的定位孔	A3 中心钻	1000	200	3	1	4	4
6	钻 4×ϕ10H7 孔的底孔	ϕ9.7 钻头	700	100	36	1	5	5
7	铰 4×ϕ10H7 孔	ϕ10H7 铰刀	200	200	36	1	6	6

（5）编制加工程序

```
%
O0001;
一号刀（φ50mm 面铣刀）
G00G91G28Z0;
M06T01;
G00G90G54X-80Y30;
G43Z100H1;
M03S750;
Z5;
G01Z0.2F100;
X50F750;
Y-10;
X-50;
Y-40;
X80;
```

```
G01Z0F100S1000;
X-50F400;
Y-10;
X50;
Y30;
X-80;
G00Z100M05;
```

二号刀（ϕ10mm 键铣刀粗铣）

```
G00G91G28Z0;
M06T02;
G00G90G54X-65Y60;
G43Z100H2;
M03S800;
Z5;
G01Z-10F200;
G01G42X-50D02F160;
Y-50;
X50;
Y50;
X-60;
G40X-65Y60;
G00G90Z100;
G90G00G40X-34.Y0.;
Z100.;
Z4.;
G01Z-6.F30;
G42D02X-29.F160;
G02X-41.Y0.R6.;
X0.Y41.R41.;
X0.Y29.R6.;
G03X-29.Y0.R29.;
G01G40X-34.;
Z4.;
G00Z100.;
G90G0G40X0.Y-36.;
Z100.;
Z4.;
G01Z-6.F30;
G42D2Y-41.F160;
```

```
G02X0.Y-29.R6.;
G03X29.Y0.R29.;
G02X41.Y0.R6.;
G02X0.Y-41.R41.;
G1G40Y-36.;
Z4.;
G00Z100.M05;
```

三号刀（ϕ10mm 立铣刀精铣）

```
G00G91G28Z0;
M06T03;
G00G90G54X-65Y60;
G43Z100H3;
M03S1000;
Z5;
G01Z-10F200;
G01G42X-50D03F100;
Y-50;
X50;
Y50;
X-60;
G40X-65Y60;
G00G90Z100;
G90G00G40X-34.Y0.;
Z100.;
Z4.;
G01Z-6.F30;
G42D3X-29.F160;
G02X-41.Y0.R6.;
X0.Y41.R41.;
X0Y29.R6.;
G03X-29.Y0.R29.;
G01G40X-34.;
Z4;
G00Z100.;
G90G54G00G40X0.Y-36.;
Z100.;
Z4.;
G01Z-6.F30;
G42D03Y-41.F160;
```

```
G02X0.Y-29.R6.;
G03X29.Y0.R29.;
G02X41.Y0.R6.;
G02X0.Y-41.R41.;
G01G40Y-36.;
Z4.;
G00Z100.;
M05;
```

四号刀(A3 中心钻)

```
G00G91G28Y0Z0;
M06T04;
G00G54G90G80X40.Y40.;
G43H4Z100.;
M03S1000;
G81Z-3.R3.F200;
X-40.Y40.;
X-40.Y-40.;
X40.Y-40.;
G80;
M05;
```

五号刀(ϕ9.7mm 钻头)

```
G00G91G28Y0Z0;
M06T05;
G00G54G90G80X40.Y40.;
G43H5Z100.;
M03S700;
G83Z-36.R3.Q3F100;
X-40.Y40.;
X-40.Y-40.;
X40.Y-40.;
G80;
M05;
```

六号刀(ϕ10H7 铰刀)

```
G00G91G28Y0Z0;
M06T06;
G00G54G90G80X40.Y40.;
G43H6Z100.;
M03S200;
G81Z-3.R3.F200;
```

```
X-40.Y40.;
X-40.Y-40.;
X40.Y-40.;
G80;
M05;
G00G91G28Y0Z0;
M30;
%
```

10.2 实践操作：外轮廓类零件加工

第1步 选择机床及系统

01 双击快捷方式图标，运行软件。

02 单击"快速登录"按钮，进入宇龙数控仿真系统，如图 10.2 所示。

图 10.2　仿真系统登录

03 选择菜单栏"机床"选项或单击工具条上的 🖶 按钮，进入机床选项卡。

04 选择控制系统，先选择"FANUC"控制系统，再选择"FANUC 0i"系统版本，如图 10.3 所示。

05 选择类型，先选择"铣床"，再选择"标准铣床"机床，最后单击"确定"按钮，进入选择的机床界面，如图 10.3 所示。

06 为了操作和学习方便，需要去掉机床护罩，移动旋转机床观察各个视角，右击机床显示界面，在弹出的右键快捷菜单中选择"选项"命令，打开"视图选项"对话框，如图 10.4 所示。

07 设置视图选项卡，打开声音和铁屑，不勾选"显示机床罩子"复选框，勾选"左键平移、右键旋转"按钮，单击"确定"按钮，如图 10.5 所示。

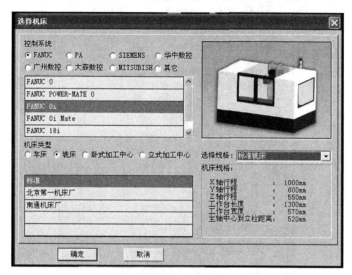

图 10.3　机床选择

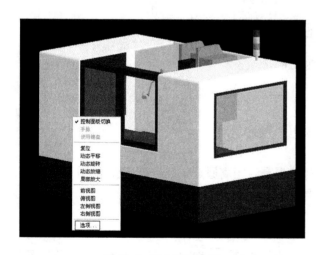

图 10.4　进入视图选项

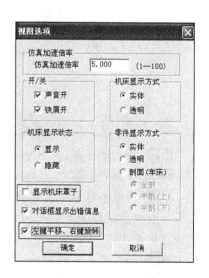

图 10.5　视图选项

08 选择菜单栏"系统管理"选项，单击"系统设置"按钮，进入系统设置界面，选择"公共属性"选项卡，设置机床参数，如图 10.6 所示。不勾选"回参考点之前可以空运行"复选框，勾选"回参考点之前可以手动操作机床"复选框，勾选"回参考点前，机床位置离参考点至少：X 轴：100mm，Y 轴：100mm，Z 轴：100mm"复选框。

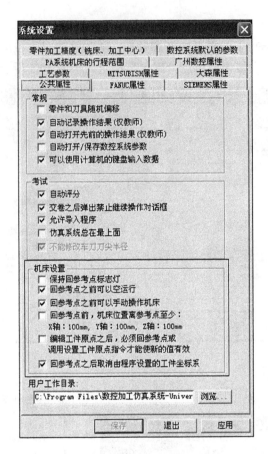

图 10.6　系统设置

第 2 步　开关机、回参考点

01 按启动键，打开机床系统电源开关。

02 按急停键。

03 查看各轴机床当前机械坐标位置是否距离原点 100mm 以上，如图 10.7 所示，如果当前位置距离原点小于 100mm，则执行第 4 步；如果当前位置距离原点大于 100mm，则执行第 6 步。

04 按手动方式键。

05 按操作面板 Z 轴选择键，长按负方向键移动机床保证 Z 轴坐标前位置距离原点 100mm 以上。如果 X 轴、Y 轴当前位置已经距离 100mm 以上不用移动，达不到距离就按 Z 轴的方法操作。

06 按回零键。

07 按操作面板 Z 轴选择键，按轴正方向移动键，直至 Z 机械坐标为 0.000，回零结束指示灯点亮，Z 轴回零结束。X 轴、Y 轴同 Z 轴一样操作。

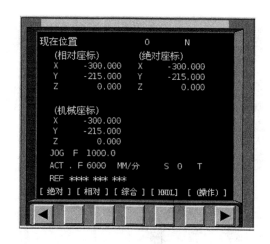

图 10.7　机床位置

第 3 步　程序输入

（1）手工输入程序

按操作面板编辑操作方式键☒进入编辑状态，再按⬛键，进入程序显示界面，用系统面板键盘输入程序。

（2）DNC 传输程序

01　选择菜单栏"机床→DNC 传送"命令，如图 10.8 所示，在弹出的"打开"对话框中选择所需的程序，单击"打开"按钮，如图 10.9 所示。

02　按操作面板编辑操作方式键☒进入编辑状态，再按⬛键，进入程序显示界面，单击菜单软键【操作】，单击菜单软键下一级子菜单软键▶，单击菜单软键【READ】，用系统键盘输入程序名"O＋四位数字"四位数不能与已有的程序重名，单击软键【EXEC】，程序被导入并显示在系统显示器上，如图 10.10 所示。

图 10.8　DNC 传输

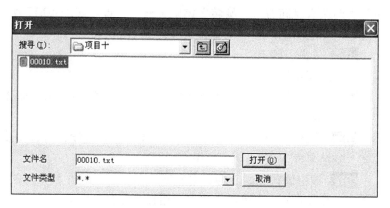

图 10.9　选择程序

图 10.10　DNC 传入程序

第 4 步　定义毛坯及装夹

（1）定义毛坯

01 选择菜单栏"零件→定义毛坯"命令或单击工具条上的 ⬛ 按钮进入"定义毛坯"对话框。

02 定义毛坯名称"毛坯 10"、毛坯材料"低碳钢"、毛坯形状"长方形"、毛坯尺寸"105×105×33"，如图 10.11 所示。

03 单击"确定"按钮定义毛坯完成。

（2）安装夹具

01 选择菜单"零件→安装夹具"命令或单击工具条上的 ⬛ 按钮进入"选择夹具"对话框。

02 选择已定义的零件"毛坯 10"，选择夹具"平口钳"，通过移动"向上"、"向下"、"向左"、"向右"、"旋转"调整零件的位置。如图 10.12 所示，把零件向上调整到最上边，左右不动，不需要旋转。

03 单击"确定"按钮定义夹具完成。

（3）放置零件

01 选择菜单栏"零件→放置零件"命令或单击工具条上的 ⬛ 按钮进入"选择零件"对话框。

02 点选"选择毛坯"或"选择模型"单选按钮，再选择要放置在机床上的零件，单击"安装零件"按钮，如图 10.13 所示。

03 调整位置画面，通过单击四个箭头移动位置和中间的旋转确定工件位置。如图 10.14 所示单击一次旋转，让平口钳在工作台上竖放。

04 然后单击"退出"按钮完成零件放置。

图 10.11　"定义毛坯"对话框

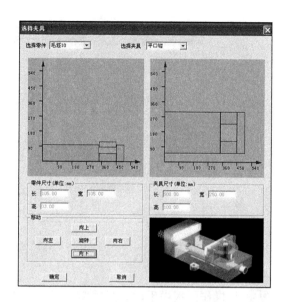

图 10.12　"选择夹具"对话框

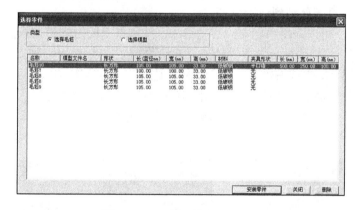

图 10.13　"选择零件"对话框

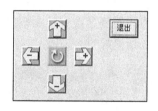

图 10.14　零件调整

第 5 步　*X* 轴、*Y* 轴建立坐标系

（1）选择基准工具

选择菜单栏"机床→基准工具"命令或单击工具条上的 ⊕ 按钮进入"基准工具"对话框，这里用机械偏心式寻边器，单击"确定"按钮，寻边器装夹在主轴上，如图 10.15 所示。

（2）主轴旋转

按 MDI 操作方式 ▣ 键，进入 MDI 方式，再按程序显示界面 PROG 键，输入"M03 S500"按 INSERT 键，输入完成，按循环启动按钮 ▣，主轴旋转。

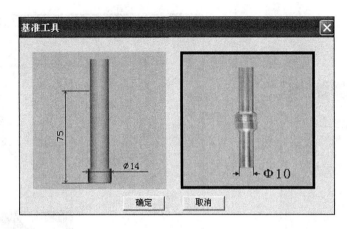

图 10.15　选择基准工具

（3）*X* 轴坐标系建立

01　按操作面板中手动方式键 ，手动状态指示灯亮，进入手动方式。

02　首先选择 *X* 轴、*Y* 轴或 *Z* 轴 X Y Z ，再选择轴移动方向 ＋ － ，如果距离远可以选择按"快速"键 ，将机床移动到适当位置。

03　移动到大致位置后，可以采用手轮方式移动机床，按操作面板的 键切换到手轮挡，按 键显示手轮 ，将操作面板上手动轴选择旋钮 设在 *X* 轴位置，调节手轮进给速度旋钮 ，在手轮 上单击或右击精确移动靠棒寻边器，寻边器测量端晃动幅度逐渐减小，直至固定端与测量端的中心线重合，如图 10.16 所示。若此时再进给，寻边器的测量端突然大幅度偏移，如图 10.17 所示，大幅度偏移前是主轴中心与测量端中心线恰好吻合。

图 10.16　寻边器中心线重合

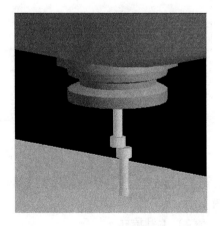

图 10.17　寻边器突然大幅度偏移

方法一：

① 寻边器与工件恰好吻合时不要移动 *X* 轴，按界面显示键 。

② 单击【坐标系】软键进入坐标设置界面。

③ 光标移动至 G54 坐标，如图 10.18 所示。

④ 输入 "X－57.5"，单击【测量】软键，X＝(工件长度＋寻边器直径)/2，如图 10.19 所示。

⑤ 正负号判定是根据寻边器的位置在工件中心的正方向为正号，负方向为负号，X 轴坐标系建立结束。

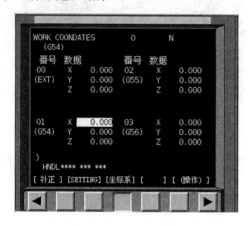

图 10.18　坐标系设置界面

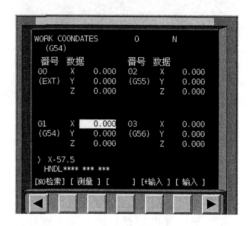

图 10.19　坐标系设置

方法二：

① 寻边器与工件恰好吻合时不要移动 X 轴，按坐标显示菜单键 POS 进入坐标界面。

② 单击【综合】软键进入位置显示界面，如图 10.20 所示。

③ 单击【操作】软键，如图 10.20 所示。

④ 单击【起源】软键，如图 10.21 所示。

⑤ 单击【全轴】软键，如图 10.22 所示，相对位置清零，如图 10.23 所示。

图 10.20　综合位置界面

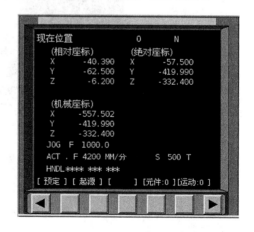

图 10.21　【起源】软键

图 10.22 【全轴】软键

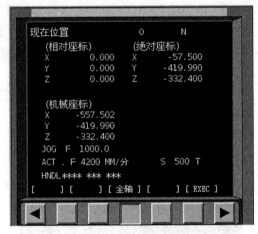

图 10.23 相对坐标清零

⑥ 寻边器与工件另一侧面恰好吻合时不要移动 X 轴，记下相对位置 X 轴的坐标值 "115"，如图 10.24 所示。

⑦ 按界面显示键 [OFFSET SETTING]。

⑧ 单击【坐标系】软键进入坐标设置界面。

⑨ 光标移动至 G54 坐标。

⑩ 输入 "X-57.5"，单击【测量】软键（X=相对位置坐标/2）。

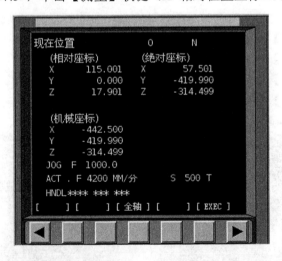

图 10.24 当前位置与工件另一侧相对坐标

（4）Y 轴坐标系建立

采用同样的方法得到工件 Y 轴的坐标系，完成后选择菜单栏 "机床→拆除工具" 命令，拆除基准工具。

第 6 步　刀具的选择及安装

01　选择菜单栏"机床→选择刀具"命令或单击工具条上的 按钮进入刀具选择界面。

02　输入所需刀具直径"10"，选择刀具类型"平底刀"，单击"确定"按钮。

03　在"可选刀具"列表框中单击选择所需的刀具，"已经选择的刀具"列表框中显示已选择的刀具。

04　输入刀柄直径"30"，刀柄长度"40"，如图 10.25 所示。

05　ϕ10mm 粗精铣刀、中心钻、钻头、铰刀同上操作。

06　单击"确定"按钮退出选择，选择的刀具就添加在机床主轴上，如图 10.26 所示。

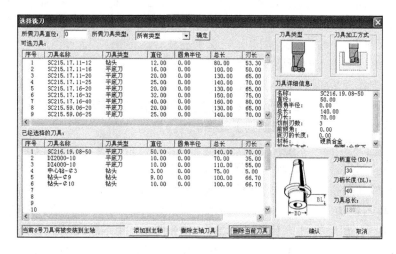

图 10.25　选择刀具

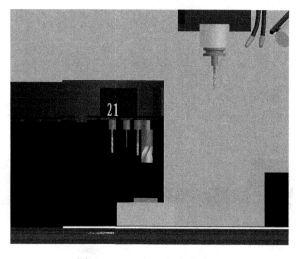

图 10.26　刀具添加在机床上

第7步　Z轴对刀

（1）试切对刀

01 装好实际加工时所要使用的刀具。

02 按操作面板手动方式键 🔲。

03 利用操作面板上的 X Y Z 、快速 + − 键将机床移动到合适位置。

04 按操作面板上 🔲 或 🔲 键使主轴转动。

05 按操作面板的 🔲 键切换到手轮挡。

06 按 🔲 键显示手轮 🔲，将操作面板上手动轴选择旋钮 🔲 设在 Z 轴位置，调节手轮进给速度旋钮 🔲，在手轮 🔲 上单击移动靠近工件，切削零件的声音刚响起时停止。

07 记下此时 Z 的机械坐标值，此时 Z 即为工件坐标系原点在机床坐标系中的坐标值，输入至 G54 里 Z 轴坐标系中，方法同 X（输入"Z0"单击【测量】软键）。

（2）塞尺对刀

01 装好实际加工时所要使用的刀具。

02 按操作面板手动方式键 🔲。

03 利用操作面板上的 X Y Z 、快速 + − 键将机床移动到合适位置。

04 按操作面板的 🔲 键切换到手轮挡。

05 按 🔲 键显示手轮 🔲。

06 按"塞尺检查"选项，选择 1mm 塞尺。

07 将操作面板上手动轴选择旋钮 🔲 设在 Z 轴位置，调节手轮进给速度旋钮 🔲，在手轮 🔲 上单击移动靠近工件，此时"提示信息"对话框提示"塞尺检查的结果：太松"，如图 10.27 所示，塞尺与刀具不接触，如图 10.28 所示。用手轮移动 Z 直到"提示信息"对话框显示"塞尺检查的结果：合适"，如图 10.29 所示。此时不要移动机床，塞尺与刀具刚接触，如图 10.30 所示。

08 把坐标输入至 G54 里 Z 轴坐标系中方法同 X（输入"Z＋塞尺厚度"单击【测量】软键）。

图 10.27　检查结果太松

图 10.28　刀具与塞尺不接触

图 10.29 检查结果合适

图 10.30 刀具与塞尺刚接触

第8步 自动加工

01 按操作面板中的自动操作键 ➡️，系统进入自动运行控制方式。

02 按操作面板上的"单节"键 ➡️。

03 按操作面板上的"循环启动"键 🔲，执行一段程序，再按 🔲 键，直至程序执行完，仿真自动加工如图 10.31 所示。

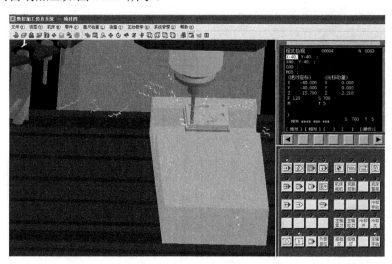

图 10.31 自动加工

第9步 零件检测

01 选择菜单栏"测量→剖面图测量"命令，进入测量界面。

02 选择测量工具（外卡），如图 10.32 所示。

03 选择测量方式（垂直测量）。

04 选择调节工具（自动测量）。

05 选择坐标系（G54）。

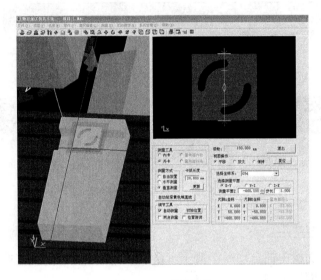

图 10.32　零件测量

06 选择测量平面（*Y-Z*），测量平面 Z-460。

07 读数就是测量尺寸 100mm。

第 10 步 考核评价

操作完毕后，结合表 10.2 对本次任务实施过程及任务结果进行客观的评价，包括学生自评、小组互评和教师总体评价。评分完成后，学生可填写学习体会，包括本次任务的完成情况、完成效果、收获体会和改进措施等。

表 10.2　考核评价

序号	项　目	技 术 要 求	配分	评 分 标 准	检测记录	得分
1	软件操作	进入仿真软件	2	每错一次扣 2 分		
2	机床选择	正确选择机床	3	每错一次扣 3 分		
3	机床操作	开机、回零	4	每错一次扣 3 分		
4		装刀、装毛坯	6	每错一次扣 3 分		
5	试切对刀	对刀并输入刀补值	30	每错一处扣 5 分		
6	程序输入	正确输入程序	15	每错一处扣 5 分		
7	自动运行	按程序要求自动加工	10	每错一处扣 5 分		
8	自动单段运行	进行单段运行，体会程序	10	另选一种得 10 分		
9	再次自动运行	另选刀具对刀后自动加工	10	每错一处扣 5 分		
10	文明操作	爱护计算机设备	10	一次意外扣 2 分		

综合得分：　　　　　　　　　　　　　　　　　　　　　　　　教师签字：

学习体会：

任务描述

在仿真软件上编写加工程序并仿真加工简单的板类零件，见图 11.1。材料为 45 钢，毛坯尺寸为 104mm×104mm×33mm。刀具要求：APMT1604PDER 刀片，φ10mm 平底刀，BT40 刀柄。

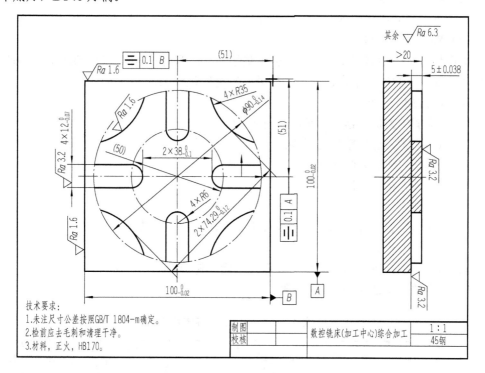

图 11.1　加工零件图样

知识目标

1．学会分析图样、填写工艺图表、编写零件程序。

2．学习对刀、修改刀补和坐标系步骤。

能力目标

1．掌握 FANUC 0i 数控铣床的仿真操作方法。

2．能根据图样要求对仿真软件进行安装工件和刀具的操作模拟出合格零件。

3．能利用仿真软件检测、分析工件。

11.1 相关知识：零件的加工工艺

（1）分析零件工艺性能

零件外形尺寸为 105mm×105mm×33mm，属于小零件。高度尺寸为自由公差，上表面粗糙度为 $Ra3.2\mu m$。侧面 100mm×100mm，表面粗糙度为 $Ra1.6\mu m$，尺寸公差 0.02mm。槽侧面表面粗糙度为 $Ra3.2\mu m$，尺寸公差 0.07mm。

（2）选用毛坯状况

所用材料：45 钢。

毛坯外形尺寸：104mm×104mm×33mm。

（3）确定装夹方案

选用精密平口钳装夹工件。底面朝下垫平，工件毛坯面高出钳口 15mm，夹 100mm 两侧面；实际上限制六个自由度，工件处于完全定位状态。

（4）确定加工方案

1）用端面铣刀进行粗加工平面，见表 11.1。

2）用端面铣刀进行精加工平面。

3）用键铣刀粗铣方侧面。

4）用立铣刀精铣方侧面。

5）掉头装夹。

6）用端面铣刀进行粗加工平面及台阶平面，留加工余量。

7）用键铣刀粗铣 5mm 台阶轮廓。

8）用端面铣刀进行精加工平面及台阶平面，轮廓留加工余量。

9）用立铣刀精铣 5mm 台阶轮廓。

表 11.1 数控加工工序卡片

工步号	工步内容	刀具	主轴转速/（r/mm）	进给量/（mm/min）	切削深度/mm	进给次数	刀位号	刀补号
1	粗铣后平面	D50R0.8	750	750	0.8	1	1	1
2	精铣后平面	D50R0.8	1200	500	0.2	1	1	1
3	粗铣侧面轮廓	D10	800	160	2.2	1	2	2
4	精铣侧面轮廓	D10	1000	120	0.3	1	3	3
5	粗铣前平面及 5mm 台阶面，轮廓留余量	D50R0.8	750	750	0.8	1	1	1
6	粗铣 5mm 台阶面轮廓	D10	800	160	2.2	1	2	2
7	精铣前平面及 5mm 台阶面，轮廓留余量	D50R0.8	1200	500	0.2	1	1	1
8	精铣 5mm 台阶面轮廓	D10	1000	120	0.3	1	3	3

（5）编制加工程序

加工第一个面及四周侧面。

```
O0001;
一号刀(φ50mm 面铣刀)
G00G91G28Z0;
M06T01;
G00G90G54X-80Y30;
G43Z100H1;
M03S750;
Z5;
G01Z0.2F100;
X50F750;
Y-10;
X-50;
Y-40;
X80;
G01Z0F100S1000;
X-50F400;
Y-10;
X50;
Y30;
X-80;
G00Z100M05;
G00G91G28Z0;
M05;
二号刀(φ10mm 键铣刀粗铣)
G00G91G28Z0;
M06T2;
G90G54G00X-50.Y-60.S800M03;
G43H2Z100.;
Z3.;
G01Z-20.F100;
G42D02Y-50.F200;
X50.;
Y50.;
X-50.;
Y-50.;
G40X-60.;
G00Z100.;
```

```
M05;
```
三号刀（ϕ10mm 立铣刀精铣）
```
G00G91G28Z0;
T3M06;
G90G54G00X-50.Y-60.S1000M03;
G43H3Z100.;
Z3;
G01Z-20.F100;
G42D3Y-50.F120;
X50.;
Y50.;
X-50.;
Y-50.;
G40X-60.;
G00Z100.;
M05;
G00G91G28Z0;
M30;
```

加工第二个面及 5mm 台阶面。

```
O0002;
```
一号刀（ϕ50mm 面铣刀）
```
G00G91G28Z0;
M06T01;
G00G90G54X-50Y30;
G43Z100H1;
M03S750;
Z5;
G01Z0.2F100;
X50F750;
Y-10;
X-50;
Y-40;
X80;
G01Z0F100S1000;
X-50F400;
Y-10;
X50;
Y30;
X-80;
```

```
G00Z100;
G00G90X-80Y0M03S600;
Z3;
G01Z-4.5F100;
G01G41X-45D01F100;
G02I45;
G01G40X-80;
G01Z-5F100;
G01G41X-45D1F100;
G02I45;
G01G40X-80;
G00Z100;
M05;
G00G91G28Z0;
M05;
```

二号刀（ϕ10mm 键铣刀粗铣）

```
G00G91G28Z0;
M06T2;
G90G54G00X22.199Y-50.26S800M03;
G43H2Z100;
Z3;
G01Z-5.F100;
G42D2X17.303Y-41.541F200;
G02X41.541Y-17.303R35;
G03X44.598Y-6.R45.;
G01X25.;
G02Y6.R6.;
G01X44.598;
G03X41.541Y17.303R45.;
G02X17.303Y41.541R35.;
G03X6.Y44.598R45.;
G01Y25.;
G02X-6.R6.;
G01Y44.598;
G03X-17.303Y41.541R45.;
G02X-41.541Y17.303R35.;
G03X-44.598Y6.R45.;
G01X-25.;
G02Y-6.R6.;
```

```
G01X-44.598;
G03X-41.541Y-17.303R45.;
G02X-17.303Y-41.541R35;
G03X-6.Y-44.598R45.;
G01Y-25;
G02X6.R6.;
G01Y-44.598;
G03X17.303Y-41.541R45;
G01G40X26.549Y-45.349;
G00Z100;
M05;
```

三号刀（ϕ10mm 立铣刀精铣）

```
G00G91G28Z0;
T3M06;
G90G54G00X22.199Y-50.26S1000M03;
G43Z100.H3;
Z3;
G01Z-5.F100;
G42D03X17.303Y-41.541F120;
G02X41.541Y-17.303R35;
G03X44.598Y-6.R45;
G01X25;
G02Y6.R6;
G01X44.598;
G03X41.541Y17.303R45;
G02X17.303Y41.541R35.;
G03X6.Y44.598R45.;
G01Y25;
G02X-6.R6.;
G01Y44.598;
G03X-17.303Y41.541R45.;
G02X-41.541Y17.303R35.;
G03X-44.598Y6.R45.;
G01X-25.;
G02Y-6.R6.;
G01X-44.598;
G03X-41.541Y-17.303R45.;
G02X-17.303Y-41.541R35.;
G03X-6.Y-44.598R45.;
```

```
G01Y-25.;
G02X6.R6;
G01Y-44.598;
G03X17.303Y-41.541R45.;
G01G40X26.549Y-45.349;
G00Z100.;
M05;
G00G91G28Z0;
M30;
%
```

11.2 实践操作：综合加工

第1步 选择机床及系统

01 双击快捷方式图标，运行软件。

02 单击"快速登录"按钮，进入宇龙数控仿真系统，如图 11.2 所示。

图 11.2 仿真系统登录

03 选择菜单栏"机床"选项或单击工具条上的 按钮，进入机床选项卡，如图 11.3 所示。

04 选择控制系统，先选择"FANUC"控制系统，再选择"FANUC 0i"系统版本，如图 11.4 所示。

05 选择类型，先选择"铣床"，再选择"标准铣床"机床，最后单击"确定"按钮，进入选择的机床界面，如图 11.4 所示。

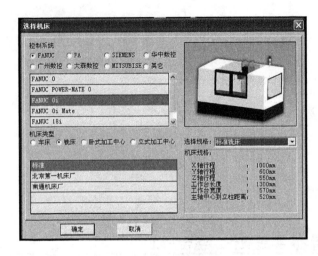

图 11.3　进入机床选项卡　　　　　　　图 11.4　机床选择

06　为了操作和学习方便，需要去掉机床护罩，移动旋转机床观察各个视角，右击机床显示界面，在弹出的右键快捷菜单中选择"选项"命令，打开"视图选项"对话框，如图 11.5 所示。

07　设置视图选项卡，打开声音和铁屑，不勾选"显示机床罩子"复选框，勾选"左键平移、右键旋转"复选框，单击"确定"按钮，如图 11.6 所示。

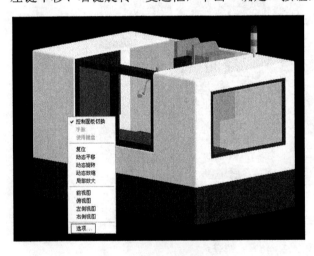

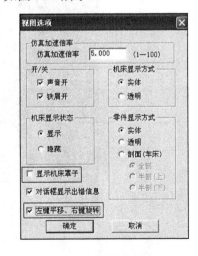

图 11.5　进入视图选项　　　　　　　图 11.6　视图选项

08　选择菜单栏"系统管理"选项，单击"系统设置"按钮，进入系统设置界面，选择"公共属性"选项卡，设置机床参数，如图 11.7 所示。不勾选"回参考点之前可以空运行"复选框，勾选"回参考点之前可以手动操作机床"复选框，勾选"回参考点前，机床位置离参考点至少：X 轴：100mm，Y 轴：100mm，Z 轴：100mm"复选框，如图 11.7 所示。

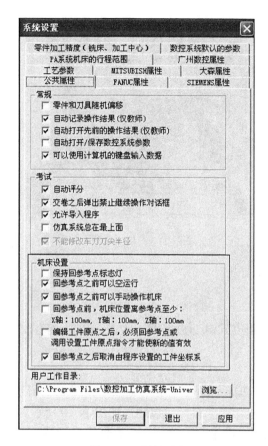

图 11.7 系统设置

第 2 步 开关机、回参考点

01 按启动键图动，打开机床系统电源开关。

02 按急停键⊙。

03 查看各轴机床当前机械坐标位置是否距离原点 100mm 以上，如图 11.8 所示，如果当前位置距离原点小于 100mm，则执行第 4 步；如果当前位置距离原点大于 100mm，则执行第 6 步。

04 按手动操作方式键www。

05 按操作面板 Z 轴选择键Z，长按负方向键−移动机床保证 Z 轴坐标前位置距离原点 100mm 以上。如果 X 轴、Y 轴当前位置已经距离 100mm 以上不用移动，达不到距离就按 Z 轴的方法操作。

06 按回零键⊡。

07 按操作面板 Z 轴选择键Z，按轴正方向移动键+，直至 Z 机械坐标为 0.000，回零结束指示灯点亮Z原点，Z 轴回零结束。X 轴、Y 轴同 Z 轴一样操作。

图 11.8　机床位置

第 3 步　程序输入

（1）手工输入程序

按操作面板编辑操作方式键⊠进入编辑状态，再按 PROG 键，进入程序显示界面，用系统面板键盘输入程序。

（2）DNC 传输程序

01 选择菜单栏"机床→DNC 传送"命令，如图 11.9 所示，在弹出的"打开"对话框中选择所需的程序，单击"打开"按钮，如图 11.10 所示。

02 按操作面板编辑操作方式键⊠进入编辑状态，再按 PROG 键，进入程序显示界面，单击菜单软键【操作】，单击菜单软键下一级子菜单软键▶，单击菜单软键【READ】，用系统键盘输入程序名"O＋四位数字"四位数不能与已有的程序重名，单击软键【EXEC】，程序被导入并显示在系统显示器上，如图 11.11 所示。

图 11.9　DNC 传输

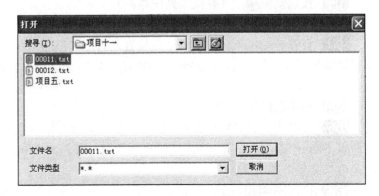

图 11.10　选择程序

图 11.11 DNC 传入程序

第 4 步 定义毛坯及装夹

（1）定义毛坯

01 选择菜单栏"零件→定义毛坯"命令或单击工具条上的 按钮，进入"定义毛坯"对话框。

02 定义毛坯名称"毛坯 11"，毛坯材料"低碳钢"，毛坯形状"长方形"，毛坯尺寸"104×104×33"，如图 11.12 所示。

03 单击"确定"按钮，定义毛坯完成。

（2）安装夹具

01 选择菜单"零件→安装夹具"命令或单击工具条上的 按钮，进入夹具选择界面。

02 选择已定义的零件"毛坯 11"，选择夹具"平口钳"，通过移动"向上"、"向下"、"向左"、"向右"、"旋转"调整零件的位置。如图 11.13 所示，把零件向上调整到最上边，左右不动，不需要旋转。

03 定义夹具完成。

（3）放置零件

01 选择菜单栏"零件→放置零件"命令或单击工具条上的 按钮进入"选择零件"对话框。

02 点选"选择毛坯"或"选择模型"单选按钮，再选择要放在机床上的零件，单击"安装零件"按钮，如图 11.14 所示。

03 调整位置画面，通过单击四个箭头移动位置，单击中间的旋转确定工件位置。如图 11.15 所示，单击一次旋转，让平口钳在工作台上竖放。

04 然后单击"退出"按钮完成零件放置。

图 11.12 "定义毛坯"对话框

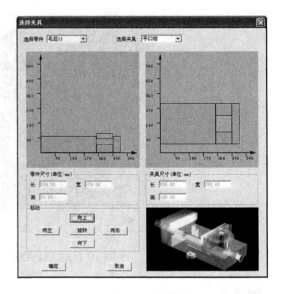

图 11.13 选择夹具

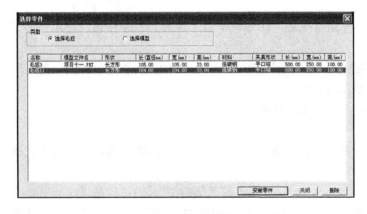

图 11.14 选择零件

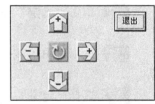

图 11.15 零件调整

第5步 X 轴、Y 轴建立坐标系

（1）选择基准工具

选择菜单栏"机床→基准工具"命令或单击工具条上的 ⊕ 按钮进入"基准工具"对话框，这里用机械偏心式寻边器，单击"确定"按钮，寻边器装夹在主轴上，如图 11.16 所示。

（2）主轴旋转

按 MDI 操作方式 ▣ 键，进入 MDI 方式，再按程序显示界面 PROG 键，输入"M03 S500"按 INSERT 键，输入完成，按循环启动按钮 ▣，主轴旋转。

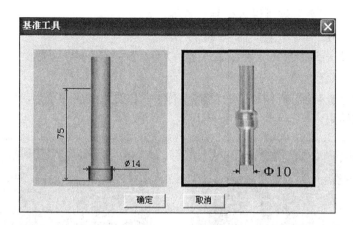

图 11.16　选择基准工具

（3）X 轴坐标系建立

01 按操作面板中手动方式键，手动状态指示灯亮，进入手动方式。

02 首先选择 X 轴、Y 轴或 Z 轴 X|Y|Z，再选择轴移动方向 +|-，如果距离远可以选择按"快速"键，将机床移动到适当位置。

03 移动到大致位置后，可以采用手轮方式移动机床，按操作面板的键切换到手轮挡，按键显示手轮，将操作面板上手动轴选择旋钮设在 X 轴位置，调节手轮进给速度旋钮，在手轮上单击或右击精确移动靠棒寻边器，寻边器测量端晃动幅度逐渐减小，直至固定端与测量端的中心线重合，如图 11.17 所示。若此时再进给时，寻边器的测量端突然大幅度偏移，如图 11.18 所示，大幅度偏移前是主轴中心与测量端中心线恰好吻合。

图 11.17　寻边器中心线重合

图 11.18　寻边器突然大幅度偏移

方法一：

① 寻边器与工件恰好吻合时不要移动 X 轴，按界面显示键。

② 单击【坐标系】软键进入坐标设置界面。

③ 光标移动至 G54 坐标，如图 11.19 所示。

④ 输入"X－57"单击【测量】软键，X＝(工件长度＋寻边器直径)/2，如图 11.20 所示。

⑤ 正负号判定是根据寻边器的位置在工件中心的正方向为正号，负方向为负号，X 轴坐标系建立结束。

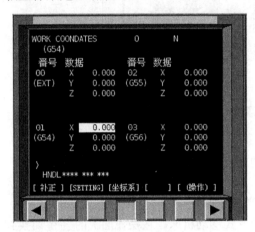

图 11.19　坐标系设置界面

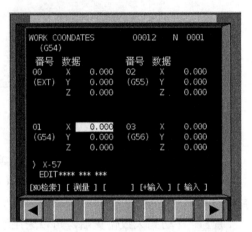

图 11.20　坐标系设置

方法二：

① 寻边器与工件恰好吻合时不要移动 X 轴，按坐标显示键 POS 进入坐标界面。

② 单击【综合】软键进入位置显示界面，如图 11.21 所示。

③ 单击【操作】软键如图 11.21 所示。

④ 单击【起源】软键，如图 11.22 所示。

图 11.21　综合位置界面

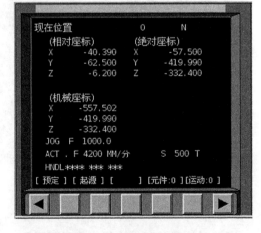

图 11.22　【起源】软键

⑤ 单击【全轴】软键，如图 11.23 所示，相对位置清零，如图 11.24 所示。

⑥ 寻边器与工件另一侧面恰好吻合时不要移动 X 轴，记下相对位置 X 轴的坐标值"115"，如图 11.25 所示。

⑦ 按界面显示键 [OFFSET SETTING]。

⑧ 按【坐标系】软键进入坐标设置界面。

⑨ 光标移动至 G54 坐标。

⑩ 输入"X－57"单击【测量】软键（X＝相对位置坐标/2）。

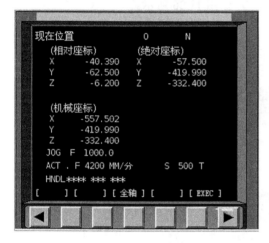

图 11.23　【全轴】软键　　　　　　　　　图 11.24　相对坐标清零

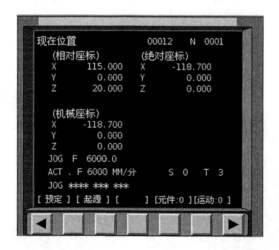

图 11.25　当前位置与工件另一侧相对坐标

（4）Y 轴坐标系建立

采用同样的方法得到工件 Y 轴的坐标系，完成后选择菜单栏"机床→拆除工具"命令，拆除基准工具。

第 6 步　刀具的选择及安装

01　选择菜单栏"机床→选择刀具"命令或单击工具条上的 🔧 按钮进入刀具选择界面。

02　输入所需刀具直径"10"，选择刀具类型"平底刀"，单击"确定"按钮。

03　在"可选刀具"列表框中单击选择所需的刀具，"已经选择的刀具"列表框中显示已选择的刀具。

04　输入刀柄直径"30"，刀柄长度"40"，如图 11.26 所示。

05　ϕ10 粗精铣刀刀具同上 02～05 步。

06　单击"确定"按钮退出选择，选择的刀具就添加在机床主轴上，如图 11.27 所示。

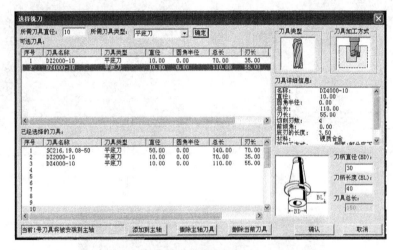

图 11.26　选择刀具

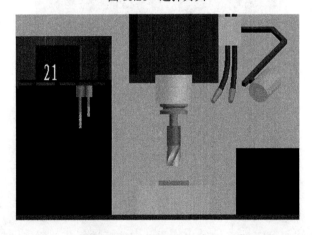

图 11.27　刀具添加在机床上

第 7 步　Z 轴对刀

（1）试切对刀

01 装好实际加工时所要使用的刀具。

02 按操作面板手动方式键 ![]。

03 利用操作面板上的 X｜Y｜Z、![快速] + - 键将机床移动到合适位置。

04 按操作面板上 ![] 或 ![] 键使主轴转动。

05 按操作面板的 ![] 键切换到手轮挡。

06 按 ![] 键显示手轮 ![]，将操作面板上手动轴选择旋钮 ![] 设在 Z 轴位置，调节手轮进给速度旋钮 ![]，在手轮 ![] 上单击移动靠近工件，切削零件的声音刚响起时停止。

07 记下此时 Z 的机械坐标值，此时 Z 即为工件坐标系原点在机床坐标系中的坐标值，输入至 G54 里 Z 轴坐标系中，方法同 X（输入"Z0"单击【测量】软键）。

（2）塞尺对刀

01 装好实际加工时所要使用的刀具。

02 按操作面板手动方式键 ![]。

03 利用操作面板上的 X｜Y｜Z、![快速] + - 键将机床移动到合适位置。

04 按操作面板的 ![] 键切换到手轮挡。

05 按 ![] 键显示手轮 ![]。

06 单击"塞尺检查"选项，选择 1mm 塞尺。

07 将操作面板上手动轴选择旋钮 ![] 设在 Z 轴位置，调节手轮进给速度旋钮 ![]，在手轮 ![] 上单击移动靠近工件，此时"提示信息"对话框"塞尺检查的结果：太松"，如图 11.28 所示，塞尺与刀具不接触，如图 11.29 所示。用手轮移动 Z 直到"提示信息"对话框显示"塞尺检查的结果：合适"，如图 11.30 所示。此时不要移动机床，塞尺与刀具刚接触，如图 11.31 所示。

08 把坐标输入至 G54 里 Z 轴坐标系中方法同 X（输入"Z＋塞尺厚度"单击【测量】软键）。

图 11.28　检查结果太松

图 11.29　刀具与塞尺不接触

图 11.30　检查结果合适

图 11.31　刀具与塞尺刚接触

第 8 步　自动加工

01 按操作面板中的自动操作键，系统进入自动运行控制方式。

02 按操作面板上的"单节"键。

03 按操作面板上的"循环启动"键，执行一段程序，再按键，直至程序执行完，仿真自动加工如图 11.32 所示。

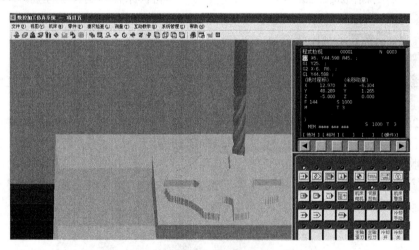

图 11.32　自动加工

第 9 步　零件检测

01 选择菜单栏"测量→剖面图测量"命令，进入测量界面。

02 选择测量工具（外卡），如图 11.33 所示。

03 选择测量方式（垂直测量）。

04 选择调节工具（自动测量）。

05 选择坐标系（G54）。

06 选择测量平面（Y-Z），选择测量平面。

07 读测量尺寸。

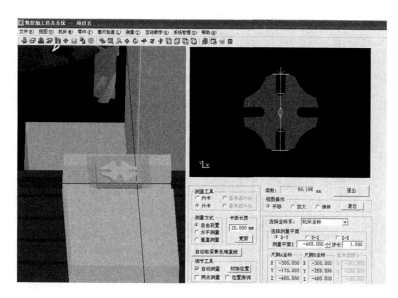

图 11.33　零件测量

第 10 步　考核评价

操作完毕后，结合表 11.2 对本次任务实施过程及任务结果进行客观的评价，包括学生自评、小组互评和教师总体评价。评分完成后，学生可填写学习体会，包括本次任务的完成情况、完成效果、收获体会和改进措施等。

表 11.2　考核评价

序号	项 目	技 术 要 求	配分	评 分 标 准	检测记录	得分
1	软件操作	进入仿真软件	2	每错一次扣 2 分		
2	机床选择	正确选择机床	3	每错一次扣 3 分		
3	机床操作	开机、回零	4	每错一次扣 3 分		
4		装刀、装毛坯	6	每错一次扣 3 分		
5	试切对刀	对刀并输入刀补值	30	每错一处扣 5 分		
6	程序输入	正确输入程序	15	每错一处扣 5 分		
7	自动运行	按程序要求自动加工	10	每错一处扣 5 分		
8	自动单段运行	进行单段运行，体会程序	10	另选一种得 10 分		
9	再次自动运行	另选刀具对刀后自动加工	10	每错一处扣 5 分		
10	文明操作	爱护计算机设备	10	一次意外扣 2 分		

综合得分：　　　　　　　　　　　　　　　　　　　　　　　　教师签字：

学习体会：

参 考 文 献

上海宇龙软件工程有限公司．2007．FANUC数控加工仿真系统使用手册．

孙明江．2010．数控机床编程与仿真操作．西安：西北工业大学出版社．

卓良福，黄新宇．2010．全国数控技能大赛经典加工案例集锦：数控车加工部分．武汉：华中科技大学出版社．